从新手到高手

雷剑 / 编著

剪映 短视频
后期制作及运营
从新手到高手

清华大学出版社

北京

内 容 简 介

"剪映"作为目前主流的短视频后期App,具有操作简单、功能强大的特点。因此,一些零基础的视频剪辑新手,也能够通过短时间的学习,制作出酷炫的视频效果。而本书的目的就是继续降低视频后期剪辑的门槛,让每个人都学会用"剪映",学会视频后期剪辑。

为实现这一目的,本书对剪辑的相关理论、"剪映"基本及进阶功能、后期思路、后期实操案例等进行了全面而详细的讲解,更在第9章和第10章介绍了视频拍摄与运营的相关内容,使学习内容更完整。同时,"案例式"基础教学可以让读者更好地理解"剪映"各个工具的使用方法和作用。

本书适合于正在学习相关专业的在校学生、职场兼职视频剪辑人员,也适合于希望利用碎片化时间增加收入的人员。相信读者在认真学习本书内容后,可以掌握"剪映",剪辑出精彩的视频。

图书在版编目(CIP)数据

剪映短视频后期制作及运营从新手到高手 / 雷剑编著. -- 北京:清华大学出版社,2022.1(2023.7 重印)
(从新手到高手)

ISBN 978-7-302-58997-6

Ⅰ.①剪… Ⅱ.①雷… Ⅲ.①视频制作②网络营销 Ⅳ.①TN948.4②F713.365.2

中国版本图书馆CIP数据核字(2021)第176413号

责任编辑: 陈绿春
封面设计: 潘国文
责任校对: 胡伟民
责任印制: 刘海龙

出版发行: 清华大学出版社
　　　　　　网　　　址:http://www.tup.com.cn, http://www.wqbook.com
　　　　　　地　　　址:北京清华大学学研大厦A座　　　邮　编:100084
　　　　　　社 总 机:010-83470000　　　　　　　　邮　购:010-62786544
　　　　　　投稿与读者服务:010-62776969, c-service@tup.tsinghua.edu.cn
　　　　　　质量反馈:010-62772015, zhiliang@tup.tsinghua.edu.cn
印 装 者: 北京博海升彩色印刷有限公司
经　　销: 全国新华书店
开　　本: 170mm×240mm　　**印　　张:** 13.5　　**字　　数:** 380千字
版　　次: 2022年1月第1版　　**印　　次:** 2023年7月第2次印刷
定　　价: 79.00元

产品编号:093781-01

·前言·

在抖音、快手等短视频平台兴起之前，没有人想到用手机拍摄的一段短视频也能获得几百上千万的播放量。在"剪映"等视频后期 App 出现前，也没有人想过即便没有剪辑基础，也能制作出堪比大片的视频效果。

正是因为剪映易上手且功能强大的特点，所以成为了目前主流的、更适合大众使用的短视频后期剪辑 App。而本书的目的，就是希望通过对剪映使用方法和实际后期案例的讲解，让读者都学会视频后期剪辑的方法。

为了实现这个目的，本书在内容安排以及撰写方式上有以下 3 个特点。

特点一：从剪映基础到进阶，从视频拍摄到后期、运营全覆盖。

本书前 8 章内容从理解为何需要对视频进行剪辑讲起，再对基本功能的使用方法、剪辑流程进行介绍。接下来则教会读者如何为视频添加转场、特效、音乐、文字等元素，并分析爆款视频的后期剪辑思路，最后通过 16 个案例教学让读者彻底掌握"剪映"的使用方法。除此之外，第 9 章和第 10 章还分别讲解了前期拍摄与短视频运营的相关技巧，让读者通过这一本书，就可以学习到与短视频相关的三大领域内容。

特点二："案例式"剪映基础教学。

为了让零基础的新手也能学会剪映的使用方法，在讲解基本功能时，并不是单纯地讲解操作，而是利用该功能实现某个具体的效果，从而让读者在学习过程中更有兴趣，也更容易理解该功能的作用，例如在讲解"倒放"功能时，将通过该功能制作"鬼畜"效果；在讲解"调节"功能时，将通过该功能营造"小清新"的色调氛围；在讲解"关键帧"功能时，将制作鼠标单击效果的动画等。

特点三：图文＋视频相结合。

虽然读者购买的是一本书，但赠送了长达 600 分钟的剪映视频教学，获得的方法是关注"好机友摄影"微信公众号，在公众号界面回复本书第 101 页最后一个字，即可获得一个跳转链接，按提示操作，即可免费学习此教学视频教程。

配套素材

正是因为本书包含以上 3 个特点，所以有理由相信，只要认真学习，并进行一定的实践，就能够剪辑出优秀的短视频作品。

如果有任何技术性问题，请扫描右侧的二维码，联系相关技术人员解决。

技术支持

编者
2022 年 1 月

目录

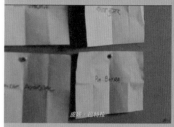

第6章 配乐是视频的灵魂　094

第 **1** 章
剪辑之前你需要了解这些

1.1 剪辑的5个目的

"剪辑"可以说是视频制作中不可或缺的一个部分。因为，如果只依赖前期拍摄，那么势必在跨越时间和空间的画面中会出现很多冗余的部分，也很难把握画面的节奏与变化。所以，需要利用"剪辑"来重新组合各个视频片段的顺序，并剪掉多余的片段，令画面的衔接更紧凑，结构更严密。

1.1.1 去掉视频中多余的部分

剪辑最基本的目的在于将不需要的、多余的部分删掉，如视频的开头与结尾，往往会有一些无实质内容的片段，影响视频节奏的控制，将这部分删除可令画面更紧凑。同时，在拍摄过程中也难免会受到干扰，导致一些画面有瑕疵，不可用，这些也需要通过剪辑将其删除。

除此之外，一些画面没有问题，但是在剪辑过程中发现与视频主题有偏差，或者很难与其他片段衔接，也可以将其剪掉，如图 1-1 所示。

从汽车行驶到停在加油站，再到下车交谈，这几个画面之间势必会有一些无关紧要或者拖慢画面节奏的内容，将这些多余的内容删掉后，画面衔接就比较紧凑了

图1-1

1.1.2 自由控制时间和空间

我们在很多影视剧中经常会看到前一个画面还是白天，后一个画面已经是深夜了。或者前一个画面在一个国家，下一个画面就到了另外一个国家。之所以在视频中可以呈现出这种时间和地点上的大幅跨越，就是剪辑在发挥作用。

通过剪辑可以自由控制时间和空间（见图 1-2），从而打破物理限制，让画面内容更丰富的同时也省去了在转换时间和空间时的无意义内容。另外，在一些视频中，通过衔接不同时间和空间的画面，可以让故事情节更吸引观众。

从黑夜到白天，从山庄到火车站，通过剪辑可以实现时间与空间的快速转换

图1-2

1.1.3　通过剪辑控制画面节奏

之所以大多数视频的画面都是在不断变化的，是因为一旦画面静止不动，就很容易让观众感觉到枯燥，并转而观看其他视频，从而导致视频的流量较低。

而剪辑可以控制视频片段的时长，使其不断发生变化，从而保持观众的好奇心并将整个视频看完。另外，对于不同的画面，也需要利用剪辑营造不同的节奏（见图1-3）。例如打斗的画面就应该加快画面节奏，让多个视频片段在短时间内快速播放，营造紧张的氛围；而温馨、抒情的画面则应该降低画面节奏，让视频中包含较多的长镜头，从而营造平静、淡然的氛围。

值得一提的是，由于抖音、快手等短视频平台的观众大多在"碎片时间"进行观看，所以尽量发布画面节奏较快，时长较短的视频，往往可以获得更高的播放量。

为了表现出比赛的紧张、刺激，画面节奏会非常快

图1-3

1.1.4　通过剪辑合理安排画面顺序

在观看影视剧时，虽然画面在不断发生变化，但我们依然感觉很连贯，不会感到断断续续。其原因在于，通过剪辑将符合心理预期以及逻辑顺序的画面衔接在一起后，由于画面彼此存在联系，因此每一个画面的出现都不会让观众感到突兀，自然会形成流畅、连贯的视觉感受，如图1-4所示。

而所谓"心理预期"，即在看到某一个画面后，根据"视觉惯性"本能地对下一个画面产生联想。如果视频画面与观众脑海中联想的画面有相似之处，即可形成连贯的视觉感受。

而"逻辑顺序"则可以理解为在现实场景中，一些现象的自然规律。例如一个玻璃杯从桌子上滑落到地上打碎的画面。该画面既可以通过一个镜头表现，也可以通过多个镜头表现。如果通过多个镜头表现，那么当杯子从桌子上滑落后，其下一个画面理应是摔到地上并打碎，因为这符合自然规律，也就符合正常的逻辑。通过逻辑关系衔接的画面，哪怕镜头数量再多，也会给观众一种连贯的视觉感受。

值得一提的是，如果想营造悬念感，则可以不按常理出牌，将不符合心理预期及逻辑顺序的画面衔接在一起，从而引发冲突，让观众思考这种"不合理"出现的原因。

当男子吃惊地看向某个景物时，观众的心理预期自然是他在看什么？所以，接下来的镜头就对准了他所看的鞋子；而当画面中出现从药盒取药的画面时，根据逻辑顺序，自然接下来要喝水吃药

图1-4

1.1.5　对视频进行二次创作

剪辑之所以能够成为独立的艺术门类，主要在于它是对镜头语言和视听语言的再创作。既然提到"创作"，就意味着即便是相同的视频素材，通过不同的方式进行剪辑，可以形成画面效果、风格甚至是情感都完全不同的视频。

而剪辑的本质，其实也是对视频画面中的人或物进行解构再到重组的过程，也就是所谓的"蒙太奇"。

对于同样的视频素材，经过不同的剪辑师剪辑，其最终呈现的效果往往不尽相同，甚至是天差地别的。这也从侧面证明了，剪辑不是机械化劳动，而需要发挥剪辑人员的主观能动性，蕴含着其对视频内容的理解与思考，如图1-5所示。

一段电影中的舞蹈画面，不同的剪辑师对于不同取景范围的素材选择以及画面交替时的节点，包括何时插入周围人的窃窃私语与表情都会有所不同

图1-5

1.2　剪辑的6条原则

如果说通过"剪辑的5个目的"可以了解"为何需要对视频进行剪辑"，那么通过"剪辑的6条原则"就可以指明剪辑的方向，了解"如何对视频进行剪辑"。

剪辑的6条原则分别是情感、故事、节奏、视线、二维特性和三维特性，其顺序是根据重要性确定的。因此，在剪辑过程中，如果无法同时满足这6条原则，则需要根据重要性进行取舍。下面就讲解这6条原则的具体含义。

1.2.1　情感

在看完一部影片、一部电视剧，甚至只是一个短视频时，我们最终记住的不是剪辑，不是摄影，也不是表演，甚至不是故事，而是情感，是看完之后的感受。

因此，在进行剪辑时，要时刻问自己"这样处理能否表现出画面的情感"？只有将情感完整、真实、强烈地凸显出来，才能让画面与观众产生共鸣，进而让观众记住所看到的画面。

由于情感表达对于视频而言太过重要，所以其优先级是最高的。在剪辑时，要想尽一切办法确保情感得到完整表达，如图1-6所示。哪怕是在突出情感表现后，其余5条原则都无法充分满足，也没有关系。

为了表现出女主角情绪上的变化，此处每换一个画面，女主角的情绪就越激动，从而突出画面的情感表现

图1-6

1.2.2　故事

　　故事是一部视频作品的核心，而剪辑则是故事的推进器，可以促进情节的发展。在思考如何讲清视频中的故事时，可以先思考如何通过几个镜头讲明白一个事件，再通过多个事件的叠加讲清楚一个故事。

　　作为第二重要的原则，最好可以找到既能推进故事情节，又能营造情感的剪辑方式，如图 1-7 所示。而能同时实现情感与故事这两大原则的剪辑方法已经十分优秀，可以确保剪辑出的视频足够精彩。

通过连续的4个镜头，表现出了女主角和其孩子逐渐适应了贫苦的生活，推进了故事的发展，并且利用音乐和人物表情，以及情节设计，营造出了一种开心、自在的画面氛围

图1-7

1.2.3　节奏

"节奏"既是视频剪辑的目的，也是视频剪辑的要求与原则。但事实上，重要性排在"故事"以下的 4 个原则，更多的是起到"锦上添花"的作用。

而节奏对于情感的烘托作用则尤为明显。在上文已经提到，即便是最基本的"快节奏"与"慢节奏"，也可以营造出偏紧张或者偏平静的心理感受，如图 1-8 所示。所以，从某种角度而言，画面能够表现出强烈的情感，并且故事也讲述得较为完整的剪辑方法，其节奏往往不会太差。所以，虽然情感、故事、节奏三者在重要性上有区分，但其联结得要更紧密。而接下来的三点，关联性则越来越弱。

以上每个镜头的持续时间都在3s以上，以此营造一种淡然、平静的情绪

图1-8

1.2.4　视线

所谓"视线"，即要注意到在衔接两个画面时，尽量让观众的视线能迅速从一个画面的焦点转移到另一个画面的焦点。也就是让观众的视线在画面不断变化时，始终都能迅速关注到重点。要做到这点，就需要尽量让两个画面的重点在相近的位置，或者在前一个画面有明显的令视线移动的景物时，下一个画面的重点刚好在移动景物的终点附近。

考虑到观众视线的剪辑，可以让观众具有更轻松的观看体验，还能够使其注意到更多的细节，对于视频的内容也可以有更深的理解，如图 1-9 所示。

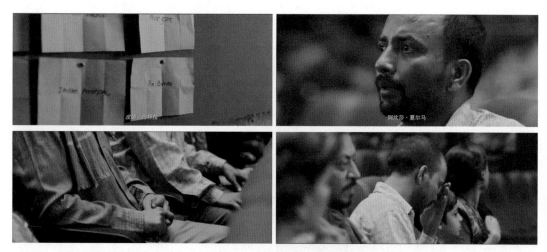

在一段家长等待自己的孩子是否会被"选中"的画面中，使用了多个特写镜头来营造紧张感，并且为了让观众一眼看出人物的"紧张"，从第一个画面特写表现写有名字的纸条开始，焦点始终保持在画面中央偏右的位置

图1-9

1.2.5 二维特性

这里有一个概念叫"轴线"，指的是拍摄对象的视线方向、运动方向和不同对象之间的关系所形成的一条假想的直线或曲线。

在拍摄时，无论角度、运动多复杂都要遵循这一规律，反之就称为"越轴"。而剪辑也要遵循轴线规律，才能符合视觉感受，越轴很容易让观众产生空间错乱的感觉，不利于观看，如图1-10所示。

在连续的4个镜头中，虽然素材拍摄角度略有变化，但是4个画面的视线与运动方向几乎一致，从而让观众明确感受到车中的人和骑自行车的人在向同一个方向行进

图1-10

1.2.6 三维特性

所谓"三维特性"，其实与"二维特性"非常相似，即在三维空间内，也应尽量保持沿轴线运动。

例如第一个镜头，人打开门，走进客厅；第二个镜头，换个角度表现人走进客厅，并在椅子上坐下。这前后两个镜头表现人走进客厅并坐下的画面，虽然改变了角度，却保证了轴线一致，所以看起来会很顺畅、自然。

需要强调的是，对于后三条原则，存在高权重会掩盖低权重的情况。也就是说，如果剪辑后的视频，若对观众"视线"的处理非常好，总是可以让其快速发现画面的重点，那么即便"二维特性"出了问题，也几乎不会引起观看体验的下降。

所以，在剪辑过程中考虑6大原则时，务必优先保证权重较大，排在靠前位置的"原则"可以被实现，然后再考虑能否锦上添花，通过其余方式让视频更流畅，如图1-11所示。

以上连续4个镜头，画面都在纵深上沿轴线运动，既营造出了一定的透视感，又让画面之间的转换十分自然

图1-11

1.3 剪辑的核心：以少胜多

著名剪辑大师沃尔特·默奇曾经这样定义剪辑——"剪辑，就是将素材中不好的统统删掉。"所以，剪辑的核心就是"删除"，就是"去其糟粕，取其精华"的过程。而最终留在视频中的内容，则可以更好地讲述故事。就好像一部精致而严谨的电影，其每一帧都有存在的意义，观众生怕错过了哪一个画面，而无法更全面、深入地了解电影中的故事。

1.3.1 不要盲目对素材进行删减

虽然剪辑的核心是"以少胜多",但切忌盲目地删除素材中的内容。一些对情感、故事有重要意义的画面一旦失去,视频就会"味同嚼蜡",没有了滋味。

另外,不要忘记 6 大原则中"情感"是排在首位的。所以在经过大量的删除操作后,也许可以用最简单的画面将故事讲清楚,但这样就好像一个人失去了灵魂,只剩下肉身。而只有通过必要的内容勾起观众的好奇心,利用铺垫与反转让观众在情绪上有所起伏,并且尽量保证没有拖泥带水的画面,才能算是真正的"以少胜多",如图 1-12 所示。

两个孩子挥手道别的画面,其实对于剧情推进并没有太大作用,但用来表现该情景的镜头时长总共超过了10s。如果按照"从简"的思路,挥手告别通过一个持续3s的画面表现就足够了。而此处之所以占用了如此多的时长,主要是为了增加男女主人公内心的愧疚感,为之后主动承认自己为了让孩子上好学校而假扮穷人的事实做好情感铺垫

图1-12

1.3.2 "删掉"之后的重新组合

剪辑不是简单地将素材按照一定顺序排列后,再将不需要的部分剪掉这么简单。因为,如果按照此种方式进行剪辑,其故事可能会失去悬念。因此,很多影视剧、综艺节目,甚至短视频,都会采用倒叙的手法。这就需要剪辑师对素材进行重新排列,并在此基础上去其糟粕。

另外,为了节约成本,几乎所有的影视剧都会在某个地点拍完所有素材后再前往下一个地点。但在同一地点拍摄的素材则可能出现在该故事不同的时间点上,这同样要求剪辑师对素材进行"重组",如图 1-13 所示。

所以,"以少胜多"的第二个关键点,则在于重新组合"精简"后的素材,营造情感,讲述故事。

在影视剧及视频的制作过程中，经常会出现彼此衔接的画面不在同一地点拍摄的情况。此时就需要剪辑师根据时间线，将素材进行重新组合

图1-13

1.4 剪辑前需要理解的基本参数

1.4.1 视频分辨率

"视频分辨率"指每一个画面中所能显示的像素数量，通常以水平像素数量与垂直像素数量的乘积或垂直像素数量表示。通俗地理解就是，视频分辨率数值越大，画面就越精细，画质就越好。

以 1080p HD 为例，1080 就是垂直像素数量，标识其分辨率；p 代表逐行扫描各像素；而 HD 则代表"高分辨率"。只要垂直像素数量大于 720，就可以称之为"高分辨率视频"或"高清视频"，并带上 HD 标识。但由于 4K 视频已经远远超越了"高分辨率"的要求，所以反而不会带有 HD 标识。

1.4.2 帧

每个视频都可以被看作由很多连续的静止画面构成的，而每一个构成视频的画面都被称为"帧"。所以当在剪辑时提到具体的某一帧，如"第 1 帧"或者"一秒之后的第 5 帧"，均指某一个具体的画面。

1.4.3 帧率

通俗来讲，"帧率"就是一段视频中每秒展示出来的画面数量，例如，一般的电影以每秒 24 张画面的速度播放，也就是 1s 内在屏幕上连续显示 24 张静止画面，由于人的视觉暂留效应，使观众看上去电影中的景象是动态的。

显然，当每秒显示的画面数量越多，视觉动态效果就越流畅，反之，观看时就有视频卡顿的感觉。

1.4.4 视频录制参数设置方法

安卓手机：点击录制界面中的 ⚙ 图标，进入"设置"界面，点击"分辨率"选项，即可进入"视频分辨率"及"视频帧率"设置界面，如图 1-14所示。

iPhone：在"设置"菜单中选择"相机"，随后即可设置分辨率和帧率，如图 1-15 所示。

图1-14

图1-15

第 2 章

认识剪映并掌握基本使用方法

2.1 学会了剪映，我能做什么

"剪映"是一款非常适合视频后期剪辑新手使用的 App（软件），其功能全面，易上手，可以通过简单的操作实现很多酷炫的效果。学会使用剪映，不仅掌握了一项技能，更重要的在于拿到了短视频时代的"车票"，可以让生活有更多可能。

2.1.1 将图片以视频形式展示

对于拍摄视频而言，很多人更习惯以拍摄照片记录精彩瞬间。而如果只是单纯地展示静态照片，未免显得有些单调。当学会剪映之后，就可以将静态照片以视频的方式进行展示了，以动态的画面吸引更多的人观看自己拍摄的照片。

2.1.2 让自己拍的视频更精彩

对于喜欢拍视频的人而言，如果拍完不进行后期处理，往往会有一些瑕疵影响整体美感。而且对于多段视频而言，单独展示其中一段也会有画面单调的问题出现。此时就需要利用后期剪辑，让制作出的一段视频同时包含多段素材，并且通过动画、特效、贴纸、文字等润色画面，得到更精彩的视频，如图 2-1 所示。

通过文字、滤镜等功能让视频更精彩

图2-1

2.1.3 制作带货短视频赚外快

学会了剪映，还可以制作"带货"短视频，从而将学到的知识、技能变现。带货短视频有很多种，如口播式、情景式、剧情式等。而无论哪种形式的带货短视频，都需要对视频进行剪辑、润色，从而让画面节奏更紧凑，产品介绍更清晰、简洁，让观众在最短的时间内了解产品的特点。

2.1.4 找到分享生活的新方式

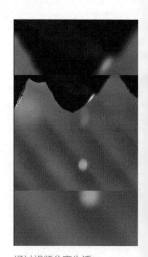

通过视频分享生活

图2-2

在学会使用剪映后，就可以尝试利用视频而不是图片来分享生活点滴，如图 2-2 所示。如最近非常火爆的 vlog，也就是"视频博客"。在出游时随手拍几段视频，利用剪映将其拼凑起来，然后发到朋友圈上，既可以更好地分享自己的旅行，又能够收获不少关注。

2.2 认识手机版剪映的界面

在将一段视频素材导入剪映后，即可看到其编辑界面。该界面由 3 部分组成，分别为预览区、时间线和工具栏。

（1）预览区：预览区的作用在于可以实时查看视频画面。随着时间轴处于视频轨道不同的位置，预览区会显示当前时间轴所在那一帧的图像。

可以说，视频剪辑过程中的任何一个操作，都需要在预览区中确定其效果。当对完整视频进行预览后，发现已经没有必要继续修改时，一个视频的后期剪辑就完成了。预览区在剪映界面中的位置如图 2-3 所示。

在图 2-3 中，预览区左下角显示的为00:02/00:03。其中 00:02 表示当前时间轴位于的时间刻度为 00:02；00:03 则表示视频总时长为 3s。

点击预览区下方的▷图标，即可从当前时间轴所处位置播放视频；点击◁图标，即可撤回上一步操作；点击▷图标，即可在撤回操作后，再将其恢复；点击▨图标可全屏预览视频。

（2）时间线：在使用剪映进行视频后期剪辑时，90% 以上的操作都是在"时间线"区域中完成的，该区域在剪映中的位置如图 2-3 所示。该区域包含三大元素，分别是"轨道""时间轴"和"时间刻度"。当需要对素材长度进行剪裁或者添加某种效果时，就需要同时运用这三大元素来精确控制剪裁和添加效果的范围。

（3）工具栏：在剪映编辑界面的最下方即为工具栏，如图 2-3 所示。剪映中的所有功能几乎都需要在工具栏中找到相关选项进行操作。在不选中任何轨道的情况下，剪映所显示的为一级工具栏，点击相应按钮，即会进入二级工具栏。

值得注意的是，当选中某一轨道后，剪映工具栏会随之发生变化，变成与所选轨道相匹配的工具。图2-4 所示为选中视频轨道的工具栏，而图 2-5 所示则为选择音频轨道时的工具栏。

1.预览区

2.时间线

3.工具栏

图2-3

图2-4

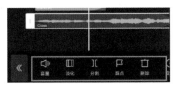

图2-5

2.3 认识专业版剪映的界面

剪映专业版是将剪映手机版移植到计算机上的版本，所以整体操作的底层逻辑与手机版剪映几乎完全相同。但得益于计算机的屏幕较大，所以在界面上会有一定区别。因此，只要了解各个功能、选项的位置，在学会手机版剪映操作的前提下，也就自然知道如何通过剪映专业版进行剪辑了。剪映专业版界面如图 2-6 所示。

剪映专业版主要包含 6 大区域，分别为工具栏、素材区、预览区、细节调整区、常用功能区和时间线区，如图 2-7 所示。在这 6 大区域中，

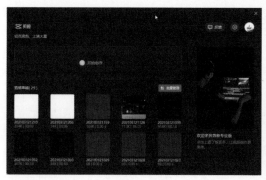

图2-6

分布着剪映专业版的所有功能和选项。其中占据空间最大的是"时间线"区域，而该区域也是视频剪辑的主战场。剪辑的绝大部分工作，都是在对时间线区域中的"轨道"进行编辑，从而实现预期的视频效果。双击"剪映"图标，单击"开始创作"按钮，即可进入剪映专业版编辑界面。

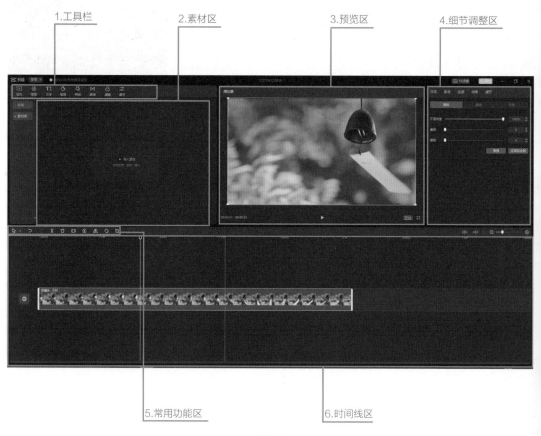

图2-7

（1）工具栏：工具栏中包含视频、音频、文本、贴纸、特效、转场、滤镜、调节共 8 个选项。其中只有"视频"选项没有在手机版剪映中出现。单击"视频"按钮后，可以选择从"本地"或者"素材库"导入素材至"素材区"。

（2）素材区：无论是从本地导入的素材，还是选择工具栏中的"贴纸""特效""转场"等工具，其可用素材、效果，均会在素材区中显示。

（3）预览区：在后期编辑过程中，可随时在预览区查看效果。单击预览区右下角的 ⊠ 按钮可进行全屏预览；单击右下角的 原始 按钮，可以调整画面比例。

（4）细节调整区：当选中时间线区中的某一轨道后，在细节调整区会出现针对该轨道进行的细节设置。选中"视频轨道""文字轨道"和"贴纸轨道"时，"细节调整区"分别如图 2-8～图 2-10 所示。

图2-8

图2-9

图2-10

（5）常用功能区：在常用功能区中，可以快速对视频轨道进行分割、删除、定格、倒放、镜像、旋转和裁剪 7 种操作。

另外，如果有误操作，单击该功能区中的 ↩ 按钮，即可将上一步操作撤回；单击 ⬚ 按钮，即可将鼠标的作用设置为"选择"或者"切割"。当选择"切割"时，在视频轨道上单击，即可在当前位置分割视频。

（6）时间线区：时间线区中包含三大元素，分别为"轨道""时间轴"和"时间刻度"。

由于剪映专业版的界面较大，所以不同的轨道可以同时显示在时间线中，如图 2-11 所示。这一点相比手机版剪映是其明显的优势，可以提高后期处理的效率。

图2-11

> **提示**
>
> 在使用手机版剪映时,由于图片和视频会统一在"相册"中找到,所以"相册"就相当于剪映的"素材区"。但对于专业版剪映而言,计算机中并没有一个固定的,用于存储所有图片和视频的文件夹。所以,专业版剪映才会出现单独的"素材区"。
>
> 因此,使用专业版剪映进行后期处理的第一步,就是将准备好的一系列素材全部添加到"素材区"中。在后期处理过程中,需要哪个素材,直接将其从素材区拖至时间线区即可。
>
> 另外,如果需要将视频轨道"拉长",从而精确选择动态画面中的某个瞬间,则可以通过时间线区右侧的 ⊖━━━●━━⊕ 滑块进行调节。

2.4 理解时间线中3大元素的作用

在上文介绍到"时间线"区时提到了"轨道""时间轴""时间刻度"这 3 大元素。下面将具体介绍它们在视频后期处理时的作用。

2.4.1 时间线中的"时间刻度"

在时间线区的顶部,是一排时间刻度。通过该刻度,可以准确判断当前时间轴所在的时间点。但其更重要的作用在于,随着视频轨道被"拉长"或者"缩短",时间刻度的"跨度"也会跟随改变。

当视频轨道被拉长时,时间刻度的跨度最小可以达到 2.5 帧 / 节点,有利于精确定位时间轴的位置,如图 2-12 所示。而当视频轨道被缩短时,则有利于时间轴快速在较大范围内跳转。

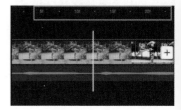

图2-12

2.4.2 时间线中的"轨道"

占据时间线区较大比例的是各种"轨道"。图 2-13 所示中有人物的是主视频轨道;主视频轨道下方分别是音效轨道和音乐(背景音乐)轨道。

在时间线中还有各种各样的轨道,如"特效轨道""文字轨道""滤镜轨道"等。通过各种"轨道"的首尾位置,即可确定其时长以及效果的作用范围。

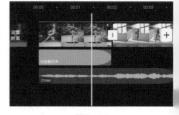

图2-13

1.调整同一轨道上不同素材的顺序

利用视频后期处理中的"轨道"，可以快速调整多段视频的排列顺序，具体的操作步骤如下。

❶ 使用手机版剪映，缩短时间线，让每一段视频都能显示在编辑界面中，如图2-14所示。

❷ 长按需要调整位置的视频片段，并将其拖至目标位置，如图2-15所示。

❸ 手指离开屏幕后，即可完成视频素材顺序的调整操作，如图2-16所示。

图2-14　　　　　　　　　　图2-15　　　　　　　　　　图2-16

　　除了调整视频素材的顺序，对于其他轨道也可以利用相似的方法调整顺序或者改变其所在的轨道。

　　例如图2-17所示中有两条音频轨道，如果配乐在时间线上不会重叠，则可以长按其中一条音轨，将其与另一条音轨放在同一轨道上，如图2-18所示。

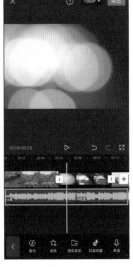

图2-17　　　　　　　　　　图2-18

2.快速调节素材时长的方法

在后期剪辑时，经常会出现需要调整视频长度的情况，下面讲述快速调节的方法。

❶ 选中需要调节长度的视频片段，如图2-19所示。

❷ 在拖动边框拉长或者缩短视频时，其片段时长的数值会时刻在左上角显示，如图2-20所示。

❸ 拖动左侧或右侧的白色边框，即可增加或缩短视频长度，如图 2-21 所示。需要注意的是，如果视频片段已经完全出现在轨道中，则无法继续增加其长度。另外，提前确定好时间轴的位置，当缩短视频长度至时间轴附近时，会有吸附效果。

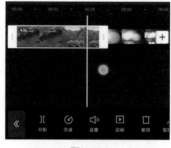

图2-19　　　　　　　　　图2-20　　　　　　　　　图2-21

3.通过"轨道"调整效果覆盖范围

无论是添加文字，还是添加音乐、滤镜、贴纸等效果，对于视频后期处理，都需要确定其覆盖的范围，也就是确定从哪个画面开始到哪个画面结束应用这种效果，具体的操作步骤如下。

❶ 移动时间轴确定应用该效果的起始画面，然后长按效果轨道并拖曳（此处以特效轨道为例），将效果轨道的左侧与时间线对齐。当效果轨道移至时间轴附近时，就会被自动吸附过去，如图 2-22 所示。

❷ 点击效果轨道，使其边缘出现"白框"。移动时间轴，确定效果覆盖的结束画面，如图 2-23 所示。

❸ 拖动白框右侧的_部分，将其与时间轴对齐。同样，当将效果条拖至时间轴附近后，也会被自动吸附，所以不用担心能否对齐的问题，如图 2-24 所示。

图2-22　　　　　　　　　图2-23　　　　　　　　　图2-24

4.通过"轨道"实现多种效果同时应用到视频

得益于"轨道"这一机制，在同一时间段内，可以具有多个轨道，如音乐轨道、文本轨道、贴图轨道、滤镜轨道等。

所以，当播放这段视频时，就可以同时加载覆盖了这段视频的一切效果，最终呈现丰富多彩的视频画面，如图2-25所示。

图2-25

2.4.3　掌握时间轴的使用方法

时间线区中那条竖直的白线就是"时间轴"，随着时间轴在视频轨道上的移动，预览区就会显示当前时间轴所在那一帧的画面。在进行视频剪辑，以及确定特效、贴纸、文字等元素的作用范围时，往往都需要移动时间轴到指定位置，再移动相关轨道至时间轴，以实现精确定位。在视频后期处理中，熟练运用时间轴可以让素材之间的衔接更流畅，让效果的作用范围更精确。

1.用时间轴精确定位画面

当从一个镜头中截取视频片段时，只需要在移动时间轴的同时观察预览画面，通过画面内容来确定截取视频的开头和结尾。

以图2-26和图2-27为例，利用时间轴可以精确定位到视频中人物从车辆的右后方走到左后方的画面，从而确定所截取视频的开头（0s）和结尾（2s21f）。

通过时间轴定位视频画面几乎是所有后期处理中的必做操作。因为对于任何一种后期效果，都需要确定其"覆盖范围"。而"覆盖范围"其实就是利用时间轴来确定起始时刻和结束时刻。

图2-26

图2-27

2.时间轴快速大范围移动的方法

在处理长视频时，由于时间跨度比较大，所以从视频开头移至视频末尾就需要较长的操作时间。

此时可以将视频轨道"缩短"（两个手指并拢，同缩小图片的操作），从而让时间轴移动较短距离，即可实现视频的大范围跳转。

如图2-28所示，由于每一格的时间跨度高达5s，所以一个时长为53s的视频，将时间线从开头移至结尾就可以在极短时间内完成。

另外，在缩短时间轴后，每一段视频在界面中显示的"长度"也变短了，从而可以更方便地调整视频的排列顺序。

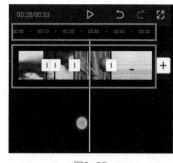

图2-28

3.让时间轴定位更精准的方法

拉长时间线后（两个手指分开，同放大图片的操作），其时间刻度将以"帧"为单位显示。

动态的视频其实就是连续播放多个画面所呈现的效果。那么组成一个视频的每一个画面，就被称为"帧"。

在使用手机录制视频时，其帧率一般为30fps，也就是每秒连续播放30个画面。

所以，当将轨道拉至最长，每秒都被分为多个画面来显示，从而极大地提高了画面选择的精度。

例如在图2-29中展示的15f（17s15f）的画面和图2-30中展示的17.5f的画面就存在细微的差别。而在拉长轨道后，则可以通过时间轴在这细微的差别中进行选择。

图2-29

图2-30

2.5 完成一次简单的视频后期

2.5.1 将素材导入剪映

将视频导入"剪映"或者"快影"的方法基本相同，所以此处仅以"剪映"为例进行介绍，具体的操作步骤如下。

❶ 打开剪映后，点击"开始创作"按钮，如图 2-31 所示。

❷ 在进入的界面中选择希望处理的视频，并点击界面下方"添加"按钮，即可将该视频导入剪映。

当选择了多个视频导入剪映后，其在编辑界面的排列顺序与选择顺序一致，并且在如图 2-32 所示的导入视频界面中，也会出现序号。当然，导入素材后，在编辑界面中也可以随时改变视频的排列顺序。

图2-31

图2-32

2.5.2 让视频比例与视频风格相符

无论将制作好的视频发布到抖音还是快手平台，均建议将画面比例设置为 9 ： 16。因为该比例在竖持手机观看时，视频可以全屏显示。

因为在看短视频时，大多数人会竖持手机，所以 9 ： 16 的画面比例对于观众来说更方便观看。

❶ 打开剪映，点击界面下方"比例"按钮，如图 2-33 所示。

❷ 在界面下方选择所需的视频比例，建议选择 9 ： 16，如图 2-34 所示。

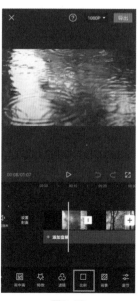

图2-33

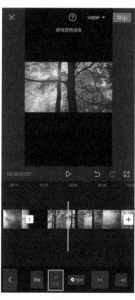

图2-34

2.5.3 添加背景填充"黑色区域"

在调节画面比例之后，如果视频画面与所设比例不一致，画面上方和下方可能会出现黑边。为了防止其出现黑边的其中一种方法就是添加"背景"，具体的操作方法如下。

❶ 将时间轴移至希望添加背景的视频轨道内，点击界面下方的"背景"按钮，如图2-35所示。注意，添加背景时不要选中任何片段。

❷ 从"画布颜色""画布样式""画布模糊"中选择一种背景风格，如图2-36所示。其中"画布颜色"为纯色背景，"画布样式"为有各种图案的背景，"画布模糊"为将当前画面放大并模糊后作为背景。作者更偏爱选择"画布模糊"，因为该背景与画面的割裂感最小。

❸ 以选择"画面模糊"为例，当选择该风格后，可以设置为不同模糊程度的背景，如图2-37所示。

需要注意的是，如果此时视频中已经有多个片段，那么背景只会加载到时间轴所在的片段上，如果需要为所有片段均增加同类背景，则需要点击左下角的"应用到全部"按钮。

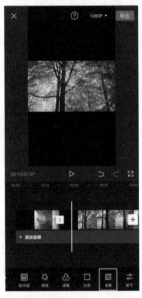

图2-35

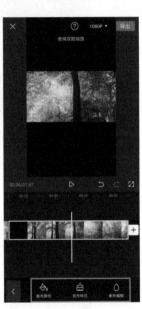

图2-36

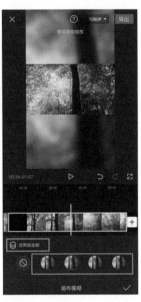

图2-37

2.5.4 调整画面大小并进行二次构图

在统一画面比例后，也可以通过调整视频画面的大小和位置，使其覆盖整个画布，同样可以避免出现"黑边"的情况，具体的操作方法如下。

❶ 在视频轨道中选中需要调节大小和位置的视频片段，此时预览画面会出现红框，如图2-38所示。

❷ 使用双指放大画面，使其填充整个画布，如图2-39所示。

❸ 由于原始画面的比例发生了变化，所以要适当调整画面的位置，使其构图更美观。在预览区按住画面进行拖曳即可调节其位置，如图2-40所示。

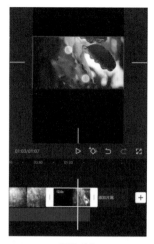

图2-38　　　　　　　　　　图2-39　　　　　　　　　　图2-40

2.5.5　调整视频片段的顺序

将视频片段按照一定顺序组合成一段完整视频的过程就称为"剪辑"。

即使整个视频只有一个镜头，也可能需要将多余的部分删掉，或者将其分成不同的片段，重新进行排列组合，进而产生完全不同的视觉感受，这同样是"剪辑"。

将一段视频导入剪映后，与剪辑相关的工具基本都在"剪辑"按钮中，如图2-41所示。其中常用的工具为"分割"和"变速"，如图2-42所示。

另外，为多段视频之间添加转场效果也是"剪辑"中的重要操作，可以让视频更流畅、自然，如图2-43所示即为转场编辑界面。

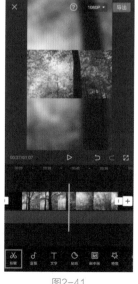

图2-41　　　　　　　　　　图2-42　　　　　　　　　　图2-43

2.5.6　调整画面的亮度与色彩

与图片的后期处理相似，一段视频的影调和色彩也可以通过后期操作来调整，具体的操作方法如下。

❶ 打开剪映后，选中需要进行润色的视频片段，点击界面下方的"调节"按钮，如图 2-44 所示。

❷ 选择亮度、对比度、高光、阴影、色温等工具，拖动滑块，即可实现对画面明暗、色彩等的调整，如图 2-45 所示。

❸ 也可以点击如图 2-43 所示中的"滤镜"按钮，在如图 2-46 所示的界面中，通过添加滤镜来调整画面的影调和色彩。拖动滑块，可以控制滤镜的强度，得到理想的画面色调。

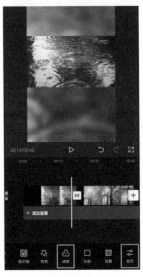
图2-44

图2-45

图2-46

除了改变画面的色彩和影调，添加特效、动画、贴纸等，也是润色视频的常用方法，具体的操作方法如下。

❶ 点击界面下方"特效"按钮，再点击不同效果的缩略图，即可添加特效，如图 2-47 所示。

❷ 选中视频片段，即可点击界面下方"动画"按钮，为画面添加动画，实现多种动态效果，如图 2-48 所示。

图2-47

图2-48

2.5.7 用音乐烘托画面情绪

在通过剪辑将多个视频串联在一起，再对画面进行润色之后，其在视觉上的效果就基本确定了。接下来，则需要为视频配乐，进一步烘托视频所要传达的情绪与氛围，具体的操作方法如下。

❶ 在添加背景音乐之前，首先点击视频轨道下方的"添加音频"按钮，或者点击界面左下角"音频"按钮，即可进入音频编辑界面，如图 2-49 所示。

❷ 点击界面左下角的"音乐"按钮即可选择背景音乐，如图 2-50 所示。若在该界面中点击"音效"按钮，则可以选择一些简短的音频，针对视频中某个特定的画面进行配音。

❸ 进入音乐选择界面后，点击音乐右侧↓图标，即可下载该音频，如图 2-51 所示。

❹ 下载完成后，↓图标会变为"使用"字样。点击"使用"按钮后，即可将所选音乐添加到视频中，如图 2-52 所示。

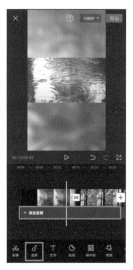 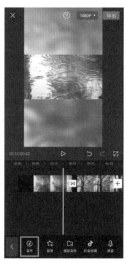  

图2-49   图2-50   图2-51   图2-52

2.5.8 用剪映导出高质量视频

对视频进行剪辑、润色并添加背景音乐后，即可将其导出或者上传到抖音或快手平台中进行发布了，具体的操作方法如下。

❶ 点击剪映右上角的 1080P 按钮，如图 2-53 所示。

❷ 在弹出的界面中，对分辨率和帧率进行设置，然后点击右上角"导出"按钮即可，如图 2-54 所示。在一般情况下，"分辨率"设置为 1080p，"帧率"设置为 30 即可。但如果有充足的存储空间，则建议将分辨率和帧率均设置为最高。

❸ 导出成功后，即可在相册中查看该视频，或者点击"抖音"或"西瓜视频"按钮直接进行发布，如图 2-55 所示。若点击界面下方"更多"按钮，即可直接分享到"今日头条"。

图2-53

图2-54

图2-55

第 **3** 章

使用剪映必会的 9 个
工具

3.1 使用"分割"功能灵活截取所需片段

3.1.1 了解分割功能

再厉害的摄像师也无法保证所录下来的每一帧都能在最终视频中出现，当需要将视频中的某部分删除时，就需要使用"分割"工具。

其次，如果想调整一整段视频的播放顺序，同样需要使用"分割"工具，将其分割成多个片段，从而对播放顺序进行重新组合，这种视频的剪接方法即被称为"蒙太奇"。

3.1.2 分割一段视频

在导入一段素材后，往往需要截取出其中需要的部分。当然，通过选中视频片段，然后拖曳"白框"同样可以实现"截取片段"的目的。但在实际操作过程中，该方法的精度不高，因此，如果需要精确截取一个片段，推荐使用"分割"工具进行操作，具体的操作方法如下。

❶ 将时间轴拉长，从而可以精确定位精彩片段的起始位置。确定起始位置后，点击界面下方"剪辑"按钮，如图 3-1 所示。

❷ 点击界面下方"按钮"按钮，如图 3-2 所示。

❸ 此时会发现，在所选位置出现黑色实线以及 ⅰ 图标，即证明在此处分割了视频，如图 3-3 所示。将时间线拖至该片段的结尾处，按同样方法对视频进行分割。

图3-1

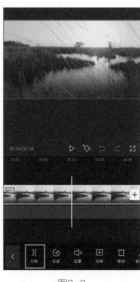
图3-2

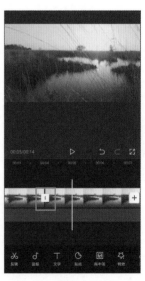
图3-3

④ 将时间轴缩短，发现在两次分割后，原本只有一段的视频变为了三段，如图 3-4 所示。

⑤ 分别选中前后两段视频，点击界面下方的"删除"按钮，如图 3-5 所示。

⑥ 当前后两段视频均被删除后，就只剩下需要保留的那段视频了，点击界面右上角的"导出"按钮即可保存视频，如图 3-6 所示。

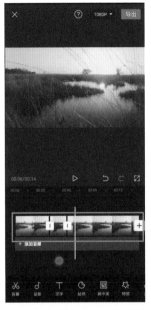
图3-4

图3-5

图3-6

提示

一段原本5s的视频，通过分割功能截取其中的2s。此时，选中该段2s的视频，并拖曳其"白框"，依然能够将其恢复为5s的视频。因此，不要认为分割并删除无用的视频片段后，那部分会彻底"消失"。之所以提示此点，是因为在操作中如果不小心拖曳了被分割视频的白框，那么被删除的部分就会重新出现。如果没有及时发现，很可能会影响接下来的一系列操作。

3.2 使用"编辑"功能让画面与众不同

3.2.1 了解编辑功能

如果前期拍摄的画面有些歪斜，或者构图不理想，那么，通过"编辑"功能中的旋转、镜像、裁剪工具，则可以在一定程度上进行弥补。但需要注意的是，除"镜像"功能外，另外两种功能都或多或少会减少画面的像素，降低图像质量。

3.2.2 利用编辑功能对画面进行基础调整

利用编辑功能对画面进行基础调整，具体的操作方法如下。

❶ 选中一个视频片段后，即可在界面下方找到"编辑"按钮，如图 3-7 所示。

❷ 点击"编辑"按钮，会看到有 3 种操作可供选择，分别为"旋转""镜像"和"裁剪"，如图 3-8 所示。

❸ 点击"裁剪"按钮后，进入如图 3-9 所示的裁剪界面。通过调整画面大小，并移动被裁剪的画面，即可确定裁剪的位置。需要注意的是，一旦选定裁剪范围后，整段视频画面均会被裁剪。

❹ 点击该界面下方的比例按钮，即可固定裁剪框的比例，如图 3-10 所示。

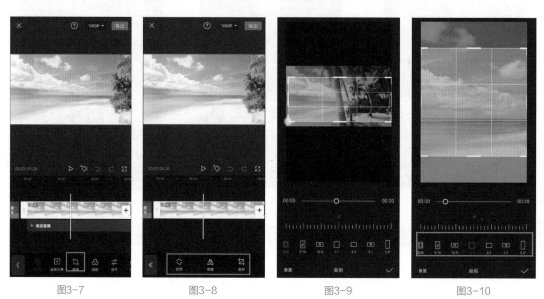

图3-7   图3-8   图3-9   图3-10

❺ 拖曳界面下方的标尺，可对画面进行旋转操作，如图 3-11 所示。对于一些拍摄歪斜的素材，可以通过该功能进行校正。

❻ 若在图 3-8 中点击"镜像"按钮，视频画面则会发生镜像翻转，如图 3-12 所示。

❼ 若在图 3-8 中点击"旋转"按钮，则根据点击的次数，画面会分别旋转 90°、180°、270°，也就是只能调整画面的整体方向，如图 3-13 所示。这与上文所说的，可以精细调节画面角度的"旋转"是两个功能。

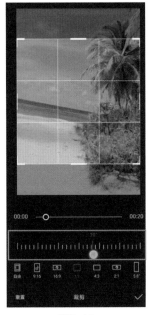

图3-11 图3-12 图3-13

3.3 使用"变速"功能让视频"快慢"结合

3.3.1 了解变速功能

当录制一些运动中的景物时，如果运动速度过快，那么通过肉眼是无法清楚观察到每一个细节的。此时可以使用"变速"功能来降低画面中景物的运动速度，形成慢动作效果，从而令每一个瞬间都能清晰呈现。

而对于一些变化太过缓慢，或者比较单调、乏味的画面，则可以通过"变速"功能适当提高播放速度，形成快动作效果，从而缩短这些画面的播放时间，让视频更生动。

另外，通过曲线变速功能，还可以让画面的快与慢形成一定的节奏感，从而大幅提高观看体验感。

3.3.2 利用"变速"功能让视频产生节奏感

利用"变速"功能让视频产生节奏感的基本操作方法如下。

❶ 将视频导入剪映后，点击界面下方"剪辑"按钮，如图 3-14 所示。

❷ 点击界面下方"变速"按钮，如图 3-15 所示。剪映提供了两种变速方式，一种为"常规变速"，也就是所选的视频统一调速；另一种为"曲线变速"，可以有针对性地对一段视频中的不同部分进行加速或者减速处理，而且加速、减速的幅度可以自由控制，如图 3-16 所示。

| 图3-14 | 图3-15 | 图3-16 |

❸ 当点击"常规变速"按钮时，可以通过拖曳滑块控制加速或者减速的幅度。1× 为原始速度，所以 0.5× 即为 2 倍慢动作，0.2× 即为 5 倍慢动作，以此类推，即可确定慢动作的倍数，如图 3-17 所示。而 2× 即为 2 倍快动作，剪映最高可以实现 100× 的快动作，如图 3-18 所示。

❹ 当点击"曲线变速"按钮时，则可以直接使用预设，为视频中的不同部分添加慢动作或者快动作效果。但在大多数情况下，都需要点击"自定"按钮，根据视频的不同情况进行手动设置，如图 3-19 所示。

| 图3-17 | 图3-18 | 图3-19 |

❺ 点击"自定"按钮后，该按钮变为红色，再次点击即可进入编辑界面，如图 3-20 所示。

❻ 由于需要根据视频内容自行确定锚点位置，所以并不需要预设锚点。选中锚点后，点击"删除点"按钮，将其删除，如图 3-21 所示。删除后的界面如图 3-22 所示。

图3-20

图3-21

图3-22

提示

　　曲线上的锚点除了可以上下拖动，也可以左右拖动，所以不删除锚点，通过拖曳已有锚点调节至目标位置也是可以的。但在制作相对复杂的曲线变速时，锚点数量较多，原有的预设锚点在没有被使用的情况下，可能会扰乱调节思路，导致忘记个别锚点的作用。所以，建议在制作曲线变速前删除原有的预设锚点。

---

❼ 移动时间轴，将其定格在希望形成慢动作画面开始的位置，点击"添加点"按钮，并向下拖动锚点，如图 3-23 所示。

❽ 再将时间线定位到希望慢动作画面结束的位置，点击"添加点"按钮，同样向下拖动锚点，从而形成一段持续性的慢动作画面，如图 3-24 所示。

❾ 按照这个思路，在需要实现快动作效果的区域也添加两个锚点，并向上拖动，从而形成一段持续性的快动作画面，如图 3-25 所示。

❿ 如果不需要形成持续性的快、慢动作画面，而是让画面在快动作与慢动作之间不断变化，则可以让锚点在高位及低位交替出现，如图 3-26 所示。

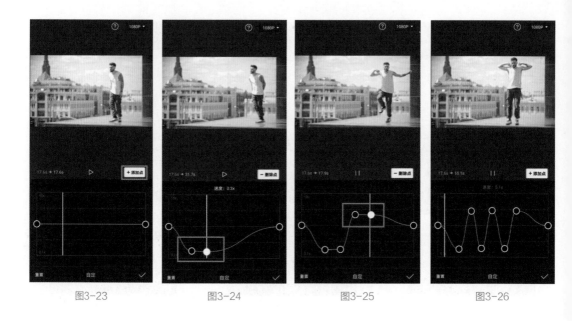

图3-23   图3-24   图3-25   图3-26

3.4 让动态画面突然静止的"定格"功能

3.4.1 了解定格功能

"定格"功能可以将一段视频中的某个画面"凝固",从而起到突出某个瞬间的效果。另外,如果一段视频中多次出现定格画面,并且其时间点与音乐节拍相匹配,即可让视频具有律动感。

3.4.2 利用定格制作动静相间的舞蹈视频

利用定格制作动静相间的舞蹈视频的具体操作方法如下。

❶ 移动时间轴,选择希望进行定格的画面,如图 3-27 所示。

❷ 保持时间轴位置不变,选中该视频片段,此时即可在工具栏中找到"定格"按钮,如图 3-28 所示。

❸ 点击"定格"按钮后,在时间轴的右侧会出现一段时长为 3s 的静态画面,如图 3-29 所示。

图3-27

图3-28

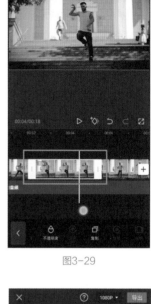

图3-29

④ 定格的静态画面可以随意拉长或缩短。为了避免静态画面时间过长导致视频乏味，所以此处将其缩短至 0.8s，如图 3-30 所示。

⑤ 按照相同的方法，可以为一段视频中任意一个画面做定格处理，并调整其持续时长。

⑥ 为了让定格后的静态画面更具观赏性，此处为其增加了"RGB 描边"特效。记住将特效的时长与"定格画面"对齐，从而凸显视频节奏的变化，如图 3-31 所示。

图3-30

图3-31

3.5 "倒放"功能的妙用——制作"鬼畜"效果

3.5.1 了解倒放功能

所谓"倒放"功能就是让视频从后向前播放。当视频记录的是一些随时间发生变化的画面时，如花开花落、日出日暮等，应用此功能可以营造一种时光倒流的视觉效果。

由于此种应用方式过于常见，而且很简单，所以通过曾经非常流行的"鬼畜"效果的制作，讲解"倒放"功能的使用方法。扫描上方二维码可以观看视频教程。

3.5.2 "鬼畜"效果

"鬼畜"效果的具体操作方法如下。

❶ 点击"分割"按钮，截取视频中的一个完整动作。此处截取的是画面中人物回头向后看的动作，如图 3-32 所示。

❷ 选中截取后的素材，连续两次点击界面下方"复制"按钮，从而在视频轨道上出现 3 个相同的视频片段，如图 3-33 所示。

❸ 选中位于中间的视频片段，点击界面下方"倒放"按钮，从而营造出人物头部向右转，又转回来的效果，如图 3-34 所示。

❹ 选中第一个视频片段，依次点击界面下方"变速"和"常规变速"按钮，并将速度调整为 3.0×，如图 3-35 所示，第 2 和第 3 段视频重复该操作。

图3-32

图3-33

图3-34

图3-35

> **提示**
>
> 在该效果中，虽然选中第1段和第3段视频素材进行倒放，也能形成"鬼畜"效果，但却会让该效果与画面的衔接出现问题，导致动作不连贯。所以，在将一整段视频中的某个动作制作为"鬼畜"效果时，建议选择复制后的三个片段中间的那段进行"倒放"处理。

3.6 起辅助作用的"防抖"和"降噪"功能

3.6.1 了解"防抖"和"降噪"功能

在使用手机录制视频时，很容易在运镜过程中出现画面晃动的问题。而剪映中的"防抖"功能，则可以明显减弱晃动幅度，让画面看起来更加平稳。

至于"降噪"功能，则可以降低户外拍摄视频时产生的噪声。如果在安静的室内拍摄视频，"降噪"功能还可以明显提高人声的音量。扫描上方二维码可以观看视频教程。

3.6.2 "防抖"和"降噪"功能的使用方法

"防抖"和"降噪"功能的具体使用方法如下。

❶ 选中一段视频，点击界面下方的"防抖"按钮，如图 3-36 所示。

❷ 在弹出的界面中调整"防抖"的程度，一般设置为"推荐"即可，如图 3-37 所示，此时已完成视频的"防抖"操作。

❸ 在选中视频片段的情况下，点击界面下方"降噪"按钮，如图 3-38 所示。

❹ 将界面右下角的"降噪开关"打开，即完成降噪处理，如图 3-39 所示。

> **提示**
>
> 无论是防抖功能还是降噪功能，其作用都是相对有限的。如果想获得高品质的视频，依然需要尽量在前期就拍摄相对平稳且低噪声的画面，例如使用稳定器以及降噪麦克风进行拍摄。

图3-36

图3-37

图3-38

图3-39

3.7　让静止元素发生变化的关键帧功能

3.7.1　了解关键帧功能

如果在一条轨道上创建了两个关键帧，并且在后一个关键帧处改变了显示效果，如放大或缩小画面、移动贴纸位置、蒙版位置，修改了滤镜参数等操作，那么在播放两个关键帧之间的视频时，则会出现第一个关键帧所在位置的效果逐渐转变为第二个关键帧所在位置的效果。

因此，通过关键帧功能，就可以让一些原本不会移动的、非动态的元素在画面中动起来，或者让一些后期增加的效果随时间改变。

3.7.2　用关键帧功能制作"指针"动画效果

用关键帧功能制作"指针"动画效果，具体操作步骤如下。

❶ 为画面添加一个"播放类图标"贴纸，再添加一个"鼠标箭头"贴纸，如图 3-40 所示。

❷ 通过"关键帧"功能，让原本不会移动的"鼠标箭头"贴纸动起来，形成从画面一角移至"播放"图标的效果。将"鼠标箭头"贴纸移至画面的右下角，再将时间轴移至该贴纸轨道的最左端，点击界面中的 图标，添加一个关键帧，如图 3-41 所示。

❸ 将时间轴移至"鼠标箭头"贴纸轨道偏右侧的区域，然后移动贴纸的位置至"播放"图标处，此时剪映会自动在时间轴所在位置再创建一个关键帧，如图 3-42 所示。

至此，就实现了"箭头贴纸"逐渐从角落移至"播放"图标的效果。

图3-40

图3-41

图3-42

提示

除案例中的移动贴纸效果外，关键帧还有非常多的应用方式。例如关键帧结合滤镜就可以实现渐变色的效果；关键帧结合蒙版就可以实现蒙版逐渐移动的效果；关键帧结合视频画面的放大与缩小，就可以实现拉镜、推镜的效果。关键帧甚至还能够与音频轨道相结合，实现任意阶段的音量渐变效果等。总之，关键帧是剪映中非常实用的工具，充分挖掘其使用方法后，可以实现很多创意效果。

3.8 可以改变画面亮度与色调的调节功能

3.8.1 了解调节功能

调节功能的作用主要有两点，分别为调整画面的亮度和调整画面的色彩。在调整画面亮度时，除了可以调节明暗，还可以单独对画面中的高光和阴影进行调整，从而令视频的影调更细腻，更有质感。

由于不同的色彩会具有不同的情感，所以通过"调节"功能改变色彩能够表达视频制作者的主观思想。

3.8.2 小清新风格调色

小清新风格调色的具体操作方法如下。

❶ 将视频导入剪映后，向右滑动界面下方的选项栏，在最右侧可找到"调节"按钮，如图 3-43 所示。

❷ 利用"调节"中的工具调整画面亮度，使其更接近"小清新"风格。点击"亮度"按钮，适当增加该参数值，让画面显得更"阳光"，如图 3-44 所示。

❸ 点击"高光"按钮，并适当减少该参数值。因为在提高亮度后，画面中较亮区域的细节有所减少，通过减少"高光"参数值，恢复部分细节，如图 3-45 所示。

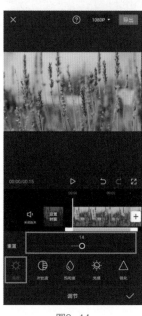

图3-43   图3-44   图3-45

❹ 为了让画面显得更"清新"，所以要让阴影区域不那么暗。点击"阴影"按钮后，增加该参数值，画面变得更加柔和了。至此，小清新风格照片的影调基本确定，如图 3-46 所示。

❺ 调整画面色彩。由于小清新风格画面的色彩饱和度往往偏低，所以点击"饱和度"按钮后，适当减少该参数值，如图 3-47 所示。

❻ 点击"色温"按钮，适当减少该参数值，让色调偏蓝一些。因为冷调的画面可以传达出一种清新的视觉感受，如图 3-48 所示。

❼ 点击"色调"按钮，并向左拖动滑块，为画面增添一些绿色。因为绿色代表着自然，与小清新风格照片的视觉感受一致，如图 3-49 所示。

❽ 通过增加"褪色"的参数值，营造"空气感"。至此画面就具有了强烈的小清新风格既视感，如图 3-50 所示。

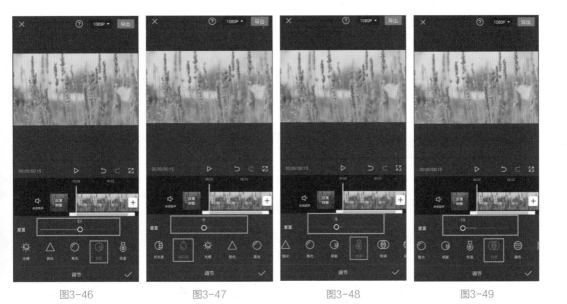

| 图3-46 | 图3-47 | 图3-48 | 图3-49 |

⑨ 千万不要以为此时就大功告成了。因为只有"效果"轨道覆盖的范围，才能够在视频上表现出相应的效果。而图3-51所示中黄色的轨道，就是之前利用"调节"功能所实现的小清新风格画面。当时间线位于黄色轨道内时，画面具有小清新色调，如图3-51所示；而当时间线位于黄色轨道没有覆盖的视频时，就恢复为原始色调了，如图3-52所示。

⑩ 因此，最后一定记得调整"效果"轨道，使其覆盖希望添加效果的时间段。针对该案例，为了让整个视频都具有小清新色调，所以让黄色轨道覆盖整段视频，如图3-53所示。

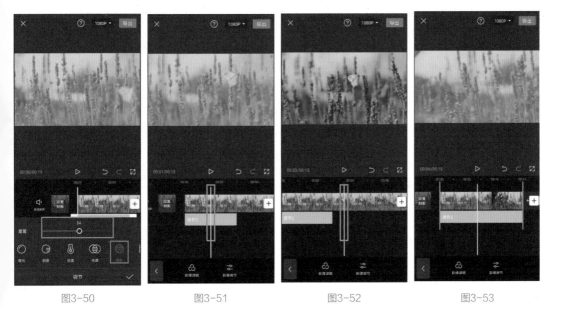

| 图3-50 | 图3-51 | 图3-52 | 图3-53 |

第 **4** 章
利用转场让视频更流畅

4.1　认识转场

一个完整的视频，通常是由多个镜头组合而来的，而镜头与镜头之间的衔接，就被称为"转场"。

一个合适的转场效果，可以令镜头之间的衔接更流畅、自然。同时，不同的转场效果也有其独特的视觉语言，从而传达不同的信息。另外，部分"转场"方式还能够形成特殊的视觉效果，让视频更吸引人。

对于专业的视频制作而言，如何转场是应该在拍摄前就确定的。如果两个镜头之间的转场需要通过前期的拍摄技术来实现，那么就被称为"技巧性转场"；如果两个镜头之间的转场仅依靠其内在的或外在的联系，而不使用任何拍摄技术，则被称为"非技巧性转场"。

需要注意的是，"技巧性转场"与"非技巧性转场"没有高低优劣之分，只有适合不适合。其实在影视剧创作中，绝大部分转场均为"非技巧性转场"，也就是依赖前后镜头的联系进行转场。所以无论是"技巧性转场"还是"非技巧性转场"，在前期拍摄时就已经打好了基础，在后期剪辑时，只要将其衔接在一起即可。

但对于普通的视频制作者而言，在拍摄能力不足的情况下，又想实现一些比较酷炫的"技巧性转场"该怎么办呢？其实剪映已经准备好了丰富的转场效果，直接点击两个视频片段的衔接处就可以添加，下面就来具体介绍使用剪映添加转场效果的方法。

4.1.1　技巧性转场

1.淡入淡出

"淡入淡出"转场即上一个镜头的画面由明转暗，直至黑场；下一个镜头的画面由暗转明，逐渐显示至正常亮度，如图 4-1 所示。淡出与淡入过程的时长一般各为 2s，但在实际编辑时，可以根据视频的情绪、节奏灵活掌握。部分影片在淡出淡入转场之间还有一段黑场，可以表现剧情告一段落，或者让观者陷入思考。

"淡入淡出"转场形成的由明到暗再由暗到明的转场过程

图4-1

2.叠化转场

"叠化"指将前后两个镜头在短时间内重叠，并且前一个镜头逐渐模糊到消失，后一个镜头逐渐清晰，直到完全显现。"叠化"转场主要用来表现时间的消逝、空间的转换，或者在表现梦境、回忆的镜头中使用。

值得一提的是，由于在"叠化"转场时，前后两个镜头会有几秒比较模糊的重叠，如图 4-2 所示。如果画面质量不佳，可以用这段时间掩盖画面缺陷。

"叠化"转场会出现前后场景模糊重叠的画面

图4-2

3.划像转场

"划像"转场也被称为"扫换转场",可分为划出与划入。前一画面从某一方向退出屏幕称为"划出";下一个画面从某一方向进入屏幕称为"划入",如图4-3所示。根据画面进、出屏幕的方向不同,可分为横划、竖划、对角线划等,通常在两个内容意义差别较大的镜头转场时使用。

画面横向滑动,前一个镜头逐渐划出,后一个镜头逐渐划入

图4-3

4.1.2 非技巧性转场

1.利用相似性进行转场

当前后两个镜头具有相同或相似的主体形象,或者在运动方向、速度、色彩等方面具有一致性时,即可实现视觉连续、转场顺畅的目的,如图4-4所示。

例如,上一个镜头是果农在果园里采摘苹果,下一个镜头是顾客在菜市场挑选苹果的特写,利用上下镜头都有"苹果"这一相似内容,将两个不同场景下的镜头联系了起来,从而得到自然、顺畅的转场效果。

利用"夕阳的光线"这一相似性进行转场的3个镜头

图4-4

2.利用思维惯性进行转场

利用人们的思维惯性进行转场，往往可以造成联系上的错觉，使转场流畅而有趣。例如，图 4-5 展示的电影中，第一个画面，当妈妈告诉孩子"上面右边是你的房间"时，观众会顺着思想惯性，自然地联想那个房间的样子。所以当下一个画面表现了房间以及孩子的情况时，转场就显得十分自然，并让观众具有流畅的观看体验。

通过语言或其他方式让观者脑海中呈现某一景象，从而进行自然、流畅的转场

图4-5

3.两级镜头转场

利用前后镜头在景别、动静变化等方面的巨大反差和对比，形成明显的段落感，这种方法被称为"两级镜头转场"，如图 4-6 所示。

由于此种转场方式的段落感比较强，所以可以突出视频中的不同部分。例如前一段落大景别结束，下一段落小景别开场，就有种类似写作中"总分"的效果。也就是大景别部分让观者对环境有一个大致的了解，然后在小景别部分开始细说其中的故事，让观者在观看视频时有更清晰的思路。

先通过远景表现日落西山的景观，然后自然地转接两个特写镜头，分别表现"日落"和"山"

图4-6

4.声音转场

用音乐、音响、解说词、对白等和画面相配合的转场方式被称为"声音转场"，其方式主要有以下两种。

（1）利用声音的延续性，自然转换到下一段落。其中，主要方式是同一旋律、声音的提前进入、前后段落声音相似部分的叠化。利用声音的吸引作用，弱化了画面转换、段落变化时的视觉跳动感。

（2）利用声音的呼应关系实现场景转换。前后镜头通过两个接连紧密的声音进行衔接，并同时进行场景的更换，让观者有一种穿越时空的视觉感受。如前一个镜头，男孩儿在公园里问女孩儿："你愿意嫁给我吗？"后一个镜头，女孩儿回答："我愿意"，但此时场景已经转到了结婚典礼现场。

5.空镜转场

只拍摄场景的镜头称为"空镜头"。这种转场方式通常在需要表现时间或者空间巨大变化时使用，从而起到过渡、缓冲的作用。例如，图4-7所示的电影片段，中间的画面即属于"空镜头"，该镜头既表现了时间的流逝：从白天到黑夜，也为从户外到室内的场景变化提供了缓冲，让观者的思绪不至于在短时间内产生较大的跳跃。

除此之外，空镜头也可以实现"借物抒情"的效果。如前一个镜头是女主角在电话中向男主角提出分手，然后接一个空镜头，是雨滴落在地面的景象，然后再接男主角在雨中接电话的景象。其中"分手"这种消极情绪与雨滴落在地面的镜头是有情感上的内在联系的；而男主角站在雨中接电话，与空镜头中的"雨"有空间上的联系，从而实现了自然且富有情感的转场效果。

利用空镜头来衔接时间和空间发生大幅跳跃的镜头

图4-7

6.主观镜头转场

"主观镜头"转场是指前一个镜头拍摄主体在观看的画面，后一个镜头接转主体观看的对象，这就是主观镜头转场。主观镜头转场是按照前、后两镜头之间的逻辑关系来处理转场的手法，主观镜头转场既显得自然，同时也可以引起观者的探究心理，如图4-8所示。

7.遮挡镜头转场

当某物逐渐遮挡画面，直至完全遮挡，然后再逐渐离开，显露画面的过程就是遮挡镜头转场。这种转场方式可以将过场戏省略，从而加快画面节奏。其中，如果遮挡物距离镜头较近，阻挡了大量的光线，导致画面完全变黑，再由纯黑的画面逐渐转变为正常的场景，这种方法还有个专有名称，叫作"挡黑转场"。而挡黑转场还可以在视觉上给人以较强的冲击，同时制造视觉悬念，如图4-9所示。

主观镜头通常会与描述所看景物的镜头连接在一起

图4-8

当马匹完全遮挡住骑马的孩子时，镜头自然地转向了羊群的特写

图4-9

4.2　使用剪映直接添加技巧性转场

前文提到技巧性转场需要在前期拍摄时就计划好转场的方式，并在拍摄时进行一定的处理。但在使用剪映进行后期剪辑时，可以直接添加技巧性转场效果，如"淡入淡出""叠化转场"以及"运镜转场"等，具体的操作方法如下。

❶ 将多段视频导入剪映后，点击每段视频之间的 Ｉ 图标，即可进入转场编辑界面，如图4-10所示。

❷ 由于第一段视频的运镜方式为"推镜"，为了让衔接更自然，所以选择一个具有相同方向的"推近"转场效果。通过拖曳界面下方的"转场时长"滑块，可以调整转场的持续时间，并且每次调整后，转场效果都会自动在界面上方显示出来。转场效果和时间都设定完成后，点击界面右下角的√按钮；若点击左下角"应用到全部"按钮，即可将该转场效果应用到所有视频片段的衔接部分，如图4-11所示。

❸ 由于第二段视频是向左移镜（景物向右移动）拍摄的，所以为了让转场效果看起来更自然，此处选择"向右"运镜转场效果。点击"运镜转场"按钮，并选择"向右"效果，适当调整"转场时长"，如图4-12所示。

图4-10

图4-11

图4-12

提示

　　在添加转场时，要注意转场效果与视频风格是否相符。对于一些运镜拍摄的视频，可以根据运镜方向添加"运镜转场"效果；对于节奏偏慢，文艺感较强的视频，则可以考虑添加"基础"分类下的转场。如果转场效果与视频风格不符，会给观者一种画面分裂，不连贯的视觉感受。

4.3 使用剪映专业版添加转场

剪映专业版与剪映手机版相比有一个很大的差别，手机版中的视频素材之间的 ⊥ 图标在剪映专业版中消失了，那么在剪映专业版中，该如何添加转场效果呢？下面讲述具体的操作方法。

❶ 移动时间轴至需要添加转场的位置，如图 4-13 所示。

❷ 点击界面上方的"转场"按钮，并从右侧列表中选择转场类别，再从素材区中选择合适的转场效果，如图 4-14 所示。

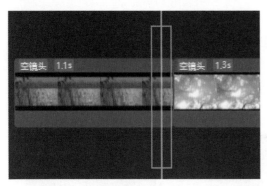

图4-13   图4-14

❸ 点击转场效果右下角的 + 图标，即可在距离时间轴最近的片段衔接处添加转场效果，如图 4-15 所示。

❹ 选中片段之间的转场效果，拖动图中的"白框"即可调节转场时长。也可以选中转场效果后，设定"转场时长"数值，如图 4-16 所示。

需要注意的是，当选中视频片段时，转场在轨道上会暂时消失，但这只是为了便于调节片段位置和时长，所添加的转场效果依然存在，如图 4-17 所示。

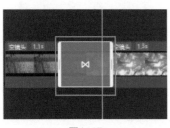

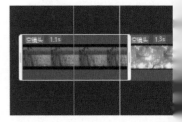

图4-15   图4-16   图4-17

提示

由于转场效果会让两个视频片段在衔接处的画面出现一定的过渡效果，因此，在制作音乐卡点视频时，为了让卡点的效果更明显，往往需要将转场效果的起始端对准音乐节拍点。

4.4 制作特殊转场效果——拍照片式转场

一些特殊的转场效果是无法在剪映中"一键添加"的，需要通过后期制作才能实现，例如本节要讲解的"拍照片式转场"。这类需要自己制作的转场效果往往可以让视频与众不同，从而在抖音或者快手平台的海量内容中脱颖而出。本例将使用到关键帧、自动踩点、定格以及特效等功能。

1.标出转场所需的节拍点

在本例中，为了让画面变化的节奏符合观者的心理预期，所以需要将转场的时间点与背景音乐节拍点匹配，具体的操作方法如下。

❶ 导入素材至剪映后，点击界面下方的"音频"按钮，如图4-18所示。

❷ 点击界面下方的"音乐"按钮，选择"舒缓"分类下的《城南花已开》作为背景音乐，如图4-19所示。

❸ 选中音频轨道，移动时间轴至音乐开头无声部分的末端，点击界面下方的"分割"按钮，将该部分删除，如图4-20所示，从而让视频一开始就有音乐出现。

图4-18

图4-19

图4-20

❹ 选中音频轨道，点击界面下方的"踩点"按钮，如图4-21所示。

❺ 开启界面左下角的"自动踩点"功能开关，并点击"踩节拍Ⅰ"按钮，如图4-22所示。之所以点击"踩节拍Ⅰ"按钮，是因为该转场效果适合制作节奏比较舒缓的视频。而"踩节拍Ⅰ"的节拍点相比"踩节拍Ⅱ"要稀疏很多，所以更适合本例使用。

❻ 将导入的部分视频素材稍微放大，使其填充整个画面，如图4-23所示。

图4-21　　　　　　　　图4-22　　　　　　　　图4-23

2.制作"拍照片"效果

确定转场的"节拍点"后，即可开始制作"拍照片"画面效果，具体的操作方法如下。

❶ 将时间轴移至第一个节拍点处，并选中该视频片段，点击界面下方的"定格"按钮，如图4-24所示。该定格画面即为"拍照片"效果中的那一张"照片"。

❷ 选中定格画面，将其切换到"画中画轨道"。但此时"切画中画"按钮是灰色的，无法使用。所以需要在不选中任何视频片段的情况下，点击界面下方的"画中画"按钮，如图4-25所示。

❸ 此时界面下方会出现"新增画中画"按钮，在该界面选中要"切画中画"的视频片段，即可发现界面下方的"切画中画"按钮亮起，可以正常使用了，如图4-26所示。

图4-24　　　　　　　　图4-25　　　　　　　　图4-26

④ 选中定格画面之后的视频片段，并将其删除，如图 4-27 所示。之所以要将其删除，是因为在"拍照"效果后，就要衔接下一个素材。

⑤ 在不选中任何视频素材的情况下，点击界面下方的"特效"按钮，如图 4-28 所示，为定格画面添加"相框"。

⑥ 选择"边框"分类下的"纸质边框Ⅱ"，如图 4-29 所示。

图4-27

图4-28

图4-29

⑦ 将特效轨道左侧与第一个节拍点对齐，并选中该特效，点击界面下方的"作用对象"按钮，如图 4-30 所示。

⑧ 点击"画中画"按钮，此时画面出现"相框"，如图 4-31 所示。

⑨ 将时间轴移至定格画面的起始位置，点击 图标，添加关键帧，如图 4-32 所示。

图4-30

图4-31

图4-32

---

　　⑩ 将时间轴移至距定格画面起始点 10 帧左右的位置，缩小画面，并适当调整角度，此时剪映会自动在时间轴所在位置自动创建第二个关键帧，如图 4-33 所示。这样，就实现了类似拍照片的效果。

　　⑪ 选中定格画面，拖动右侧的"白框"，将其长度控制在 1s 左右。同时将"纸质边框 Ⅱ"特效的末尾与定格画面的末尾对齐，如图 4-34 所示。在调整特效轨道长度时，画中画轨道中的"定格画面"是以一条细红线表示的。当特效轨道末端移至画中画轨道末端时，会有吸附效果，所以可以轻松精确定位。

　　⑫ 选中画中画轨道中的"定格画面"，点击界面下方"动画"按钮，并为其添加出场动画分类下的"向下滑动"效果，动画时长设置为 0.3s，如图 4-35 所示。

　　⑬ 至此，一个"拍照片"的视频效果就制作完成了，接下来重复以上操作，为每一个视频素材的转场处（节拍点所在位置）都制作该效果。

图4-33

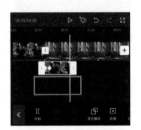

图4-34

图4-35

3.利用音效和转场强化"拍照片"效果

最后为"拍照片"转场增加音效和类似闪光灯的效果，从而令画面更精彩，具体的操作方法如下。

　　❶ 依次点击界面下方的"音频"和"音效"按钮，如图 4-36 所示。

　　❷ 选择"机械"分类下的"拍照声 6"，如图 4-37 所示。

　　❸ 由于"音效"并不会在起始位置就立刻发出声音，所以需要通过试听，令已经做好的"拍照片"效果与"拍照声"吻合。在本例中，当节拍点位于音效轨道中间偏左的位置时，其匹配效果较好，如图 4-38 所示。

图4-36

图4-37

图4-38

❹ 选中"音效"轨道，点击界面下方"复制"按钮，让每一个节拍点处都有一个"拍照声"音效，如图 4-39 所示。

❺ 点击两段视频之间的 Ｉ 图标，设置转场效果，如图 4-40 所示。

❻ 选择"基础转场"分类下的"闪白"转场效果，并将转场时长设置为 0.5s，然后点击左下角的"应用到全部"按钮，如图 4-41 所示，最后将结尾处的视频素材和背景音乐适当缩短，即完成本例的制作。

图4-39

图4-40

图4-41

第5章

让画面效果更丰富的
后期剪辑方法

5.1 利用"滤镜"轻松营造不同色调

与"调节"功能需要仔细调节多个参数才能获得预期效果不同，利用"滤镜"功能可以一键调出唯美的色调，具体的操作方法如下。

❶ 选中需要添加"滤镜"效果的视频片段，点击界面下方"滤镜"按钮，如图5-1所示。

❷ 可以从多个分类中选择喜欢的滤镜效果。此处选择"风景"分类中的"仲夏"，让草地更绿。通过拖曳红框内的滑块，可以调节滤镜强度，默认值为 100（最高强度），如图5-2所示。

此时，完成对所选轨道添加滤镜效果的操作，如图5-3所示。

图5-1

图5-2

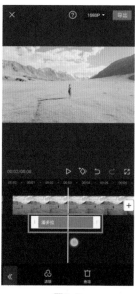

图5-3

提示

选中一个片段，点击"滤镜"按钮，为其添加第一个滤镜时，该效果会自动应用到整个所选片段，并且不会出现滤镜轨道。

但如果在没有选中任何视频片段的情况下，点击界面下方的"滤镜"按钮并添加滤镜，则会出现滤镜轨道。需要控制滤镜轨道的长度和位置，以确定施加滤镜效果的区域，在图3的红框内，即为"潘多拉"滤镜效果的轨道。

5.2 利用"动画"功能让视频画面更具动感

很多人在使用剪映时容易将"特效"或者"转场"效果与"动画"混淆，虽然这三者都可以让画面看起来更具动感，但动画功能既不能像特效那样改变画面内容，也不能像转场那样衔接两个片段，它所实现的其实是所选视频片段出现及消失时的"动态"效果。

也正是因为这一特点，在一些以非技巧性转场衔接的片段中，加入"动画"往往可以让视频看起来更生动，具体的操作方法如下。

❶ 选中需要增加"动画"效果的视频片段，点击界面下方的"动画"按钮，如图5-4所示。

❷ 根据需要为该视频片段添加"入场动画""出场动画"以及"组合动画"，如图5-5所示。

❸ 点击界面下方的各按钮，即可为所选片段添加"动画"，并进行预览。通过拖曳"动画时长"滑块还可以调整动画的作用时间，如图5-6所示。当"动画时长"较短时，画面变化节奏会显得更快，更容易营造视觉冲击力；当"动画时长"较长时，画面变化相对缓慢，适合营造轻松、悠然的画面氛围。

图5-4

图5-5

图5-6

> **提示**
>
> 　　动画时长的可设置范围是根据所选片段的时长进行变化的，并且在设置动画时长后，具有动画效果的时间范围会在轨道上由浅浅的绿色覆盖，从而直观地看出动画时长与整个视频片段时长的比例关系。
>
> 　　通常来说，每一个视频片段的结尾附近（落幅）最好是比较稳定的，可以让观者清晰地看到该镜头所表现的内容。因此，不建议让整个视频片段都具有动画效果。
>
> 　　但对于一些故意让其一闪而过，故意让观者看不清的画面，则可以通过缩短片段时长，并添加动画来实现。

5.3 利用"画中画"与"蒙版"功能合成视频

5.3.1 了解"画中画"与"蒙版"功能

通过"画中画"功能可以让一个视频画面中出现多个不同的画面，这是该功能最直接的利用方式。但"画中画"功能更重要的作用在于，可以形成多条视频轨道，利用这些视频轨道，再结合"蒙版"功能，就可以控制画面局部的显示，将多个视频画面进行合成。

所以，"画中画"与"蒙版"功能往往是同时使用、"形影不离"的。

5.3.2 利用画中画同时展示多个视频素材

利用画中画同时展示多个视频素材，具体的操作方法如下。

❶ 首先为剪映添加一个视频素材，如图5-7所示。

❷ 将画面比例设置为9:16，点击界面下方的"画中画"按钮（此时不要选中任何视频片段），继续点击"新增画中画"按钮，如图5-8所示。

❸ 选中要添加的素材后，即可调整"画中画"在视频中的显示位置和大小，并且界面下方也会出现"画中画"轨道，如图5-9所示。

❹ 当不再选中画中画轨道后，即可再次点击界面下方"新增画中画"按钮添加画面。结合"编辑"工具，还可以对该画面进行位置和大小的调整，如图5-10所示。

图5-7

图5-8 图5-9

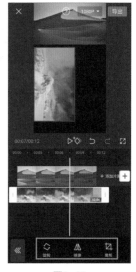

图5-10

5.3.3 利用画中画与蒙版功能选择画面显示范围

当画中画轨道中的每一个画面均不重叠时，所有画面都能完整显示。可是一旦出现重叠，有些画面就会被遮挡。而利用"蒙版"功能，则可以选择哪些区域被遮挡，哪些区域不被遮挡，具体的操作方法如下。

❶ 如果时间轴穿过多个画中画轨道层，画面就有可能产生遮挡，部分视频素材的画面会无法显示，如图 5-11 所示。

❷ 在剪映中有"层级"的概念，其中主视频轨道为 0 级，每多一条画中画轨道就会多一个层级。在本例中，有两条画中画轨道，所以会有"1 级"和"2 级"。它们之间的覆盖关系是：层级数值大的轨道覆盖层级数值小的轨道。也就是"1 级"覆盖"0 级"，"2 级"覆盖"1 级"，以此类推。选中一条画中画视频轨道，点击界面下方的"层级"按钮，即可设置该轨道的层级，如图 5-12 所示。

❸ 剪映默认处于下方的视频轨道会覆盖处于上方的视频轨道，但由于画中画轨道可以设置层级，所以，如果选中位于中间的画中画轨道，并将其层级从"1 级"改为"2 级"（针对本例），那么中间轨道的画面则会覆盖主视频轨道与最下方视频轨道的画面，如图 5-13 所示。

图5-11

图5-12

图5-13

❹ 为了让你更容易理解蒙版的作用，所以先将"层级"恢复为默认状态，并只保留一层画中画轨道。选中该画中画轨道，并点击界面下方的"蒙版"按钮，如图 5-14 所示。

❺ 选中一种"蒙版"样式，所选视频轨道画面将会出现部分显现的情况，而其余部分则会显示原本被覆盖的画面，如图 5-15 所示。通过这种方法，即可有选择性地调整画面中显示的内容。

❻ 若希望将主轨道的其中一段视频素材切换到画中画轨道，可以在选中该段素材后，点击界面下方的"切画中画"按钮。但有时该按钮是灰色的，无法选择，如图 5-16 所示。

❼ 此时不要选中任何素材片段，点击"画中画"按钮，在显示如图 5-17 所示的界面时，再选中希望"切画中画"的素材，即可使用"切画中画"功能了。

图5-14

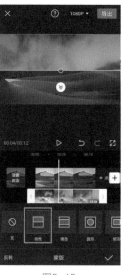
图5-15

图5-16

图5-17

5.4 在剪映专业版中看不到的"画中画"功能

5.4.1 用剪映专业版添加"画中画"

在剪映手机版中，如果想在时间线中添加多个视频轨道，需要利用"画中画"功能导入素材。但在剪映专业版中，却找不到"画中画"这个选项。难道这意味着剪映专业版不能进行多视频轨道的处理吗？

在前文已经提到，由于剪映专业版的处理界面更大，所以各轨道均可完整显示在时间线中。因此，无须使用所谓的"画中画"功能，直接将一段视频素材拖至主视频轨道的上方，即可实现多轨道，即手机版剪映"画中画"功能的效果，如图5-18所示。

而主轨道上方的任意视频轨道均可随时再拖回主轨道，所以，在剪映专业版中，也不存在"切画中画轨道""切主轨道"这两个功能。

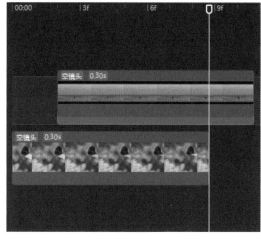
图5-18

5.4.2 通过"层级"确定视频轨道的覆盖关系

将视频素材移至主轨道上方，该视频素材的画面就会覆盖主轨道的画面。这是因为在剪映中，主轨道的"层级"默认为 0，而主轨道上方第一层的视频轨道层级默认为 1。层级值大的视频轨道会覆盖层级值小的视频轨道，并且主轨道的层级是不能更改的，但其他轨道层级可以更改。

例如在层级值为 1 的视频轨道上方再添加一个视频轨道，该轨道的层级值默认为 2，如图 5-19 所示。

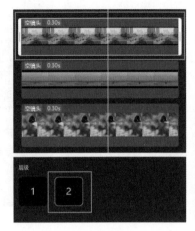

图5-19

5.5 找到剪映专业版的"蒙版"功能

在剪映专业版的时间线中添加多条视频轨道后，由于画面之间出现了"覆盖"，就可以使用"蒙版"功能来控制画面局部区域的显示，具体的操作方法如下。

❶ 选中一条视频轨道后，单击界面左上角"画面"按钮，即可找到"蒙版"按钮，如图 5-20 所示。

❷ 选择希望使用的蒙版，此处以"线性"为例，单击之后在预览界面中即会出现添加蒙版后的效果，如图 5-21 所示。

图5-20

图5-21

❸ 单击如图 5-21 所示中的◎图标，即可调整蒙版角度。

❹ 单击《图标，即可调整两个画面分界线处的"羽化"效果，形成一定的"过渡"效果，如图 5-22 所示。

⑤将鼠标移至"分界线"附近，按住鼠标左键并拖动，即可调节蒙版的位置，如图5-23所示。

图5-22

图5-23

5.6 学会两个功能让抠图变得很简单

5.6.1 了解"智能抠像"与"色度抠图"功能

通过"智能抠像"功能可以快速将人物从画面中"抠"出来，从而进行替换人物背景等操作；而"色度抠图"功能则可以将在"绿幕"或者"蓝幕"下的景物快速抠取出来，方便进行视频图像的合成。

5.6.2 "抠人"就用智能抠像

"抠人"的具体操作方法如下。

①"智能抠像"功能的使用方法非常简单，只需要选中画面中有人物的视频，然后点击界面下方的"智能抠像"按钮即可。但为了让你能够看到抠图的效果，所以此处先"定格"一个有人物的画面，如图5-24所示。

②将定格后的画面切换到"画中画"图层，如图5-25所示。

③选中"画中画"图层，点击界面下方的"智能抠像"按钮，此时即可看到被抠出的人物，如图5-26所示。

> **提示**
>
> "智能抠像"功能并非总能像本例中展示的那样，近乎完美地抠出画面中的人物。如果希望提高"智能抠像"功能的准确度，建议选择人物与背景的明暗或者色彩具有明显差异的画面，从而令人物的轮廓清晰、完整，没有过多的"干扰"。

图5-24

图5-25

图5-26

5.6.3　抠绿幕、蓝幕就用色度抠图

色度抠图的具体操作方法如下。

❶ 导入一张图片素材，调节比例至 9:16，并让该图片充满整个画面，如图 5-27 所示。

❷ 将绿幕素材添加至"画中画"轨道，同样使其充满整个画面，并点击界面下方的"色度抠图"按钮，如图 5-28 所示。

❸ 将"取色器"中间很小的"白框"置于绿色区域，如图 5-29 所示。

图5-27

图5-28

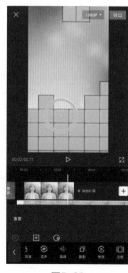

图5-29

❹ 点击"强度"按钮，并向右拖曳滑块，即可将绿色区域"抠掉"，如图5-30所示。

❺ 某些绿幕素材即便将"强度"滑块拖至最右侧，可能依旧无法将绿色完全抠掉。此时，可以先小幅度提高强度数值，如图5-31所示。

❻ 将绿幕素材放大，再次点击"色度抠图"按钮，仔细调整"取色器"位置到残留的绿色区域，直到可以最大限度地抠掉绿色，如图5-32所示。

图5-30

图5-31

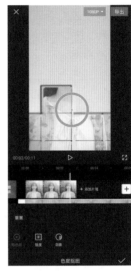
图5-32

❼ 再次点击"强度"按钮，并向右拖曳滑块，即可更好地抠除绿色区域，如图5-33所示。

❽ 点击"阴影"按钮，适当提高该数值，可以让抠图的边缘更平滑，如图5-34所示。抠图完成后，别忘了恢复绿幕素材的位置。

图5-33

图5-34

5.7 利用特效丰富画面

利用特效丰富画面的具体操作方法如下。

❶ 点击界面下方的"特效"按钮，如图 5-35 所示。

❷ 剪映按效果不同，将"特效"分成了不同的类别。点击一种类别，即可从中选择希望使用的特效。在选择一种"特效"后，预览界面则会自动播放添加此特效的效果。此处选择"基础"分类下的"开幕"特效，如图 5-36 所示。

❸ 在编辑界面下方，即出现"开幕"特效的轨道。按住该轨道，即可调节其位置；选中该轨道，拖曳左侧或右侧的"白边"，即可调节特效作用的范围，如图 5-37 所示。

❹ 如果需要继续增加其他特效，在不选中任何特效的情况下，点击界面下方的"新增特效"按钮即可，如图 5-38 所示。扫描上方二维码可以观看视频教程。

图5-35 图5-36 图5-37 图5-38

提示

　　在添加特效之后，如果要切换到其他轨道进行编辑，特效轨道将被隐藏。如需要再次对特效进行编辑，点击界面下方的"特效"按钮即可。

5.8 利用特效营造画面氛围——小清新漏光效果

剪映提供了非常丰富的特效，利用这些特效可以实现各种不同的效果。而添加特效的一个重要作用就是可以营造画面氛围，如营造温馨的、冷酷的、柔美的、科幻的视觉感受。在本例中，将通过特效来营造"小清新漏光"效果，从而表现出温馨的画面氛围。

当然，本例中不仅使用了特效，还需要利用滤镜、画中画、变速等功能。

1.导入素材、音乐，确定基本画面风格

为了营造出"小清新漏光"效果，为画面上下加上"白边"，并选择柔和的背景音乐，具体的操作方法如下。

❶ 导入准备好的素材至剪映。如果素材数量不够，可以在导入素材界面点击右上角的"素材库"按钮，并在"空镜头"分类下选择，其中有不少适合制作"小清新"类视频的片段，如图5-39所示。

❷ 依次点击界面下方的"音频"和"音乐"按钮，并在搜索栏中搜索 Blue，选择如图5-40所示中红框内音乐。

❸ 选中音频轨道，点击界面下方的"踩点"按钮，然后打开左下角"自动踩点"功能，点击"踩节拍Ⅰ"按钮，如图5-41所示。

图5-39

图5-40

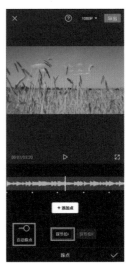

图5-41

❹ 由于本例中使用的部分素材是有声音的，所以当该声音与背景音乐混合在一起后，就会让观者感觉有些嘈杂，因此点击时间线左侧的"关闭原声"按钮，将素材自带的声音关闭，如图5-42所示。

❺ 制作画面上下两端的白色边框。依次点击界面下方的"画中画"和"新增画中画"按钮，选择"素材库"，添加"白场"素材，如图5-43所示。

❻ 将"白场"素材放大，并向下移动，使其边缘出现在画面下方，从而完成"下边框"的制作，如图5-44所示。

图5-42

图5-43

图5-44

⑦ 采用相同的方法，点击界面下方的"新增画中画"按钮，再次添加"白场"素材，放大并向上拖动，制作"上边框"。分别选中"白场"轨道，将其拉长至覆盖整个视频。这样，上下白边就会始终出现在画面中了，如图5-45所示。

⑧ 选中第一段视频片段，将其结尾与第一个节拍点对齐。以此类推，将每一段素材末尾均与相应的节拍点对齐，如图5-46所示。

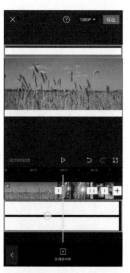

图5-45

图5-46

提示

如果发现某些素材时长过短，无法与相应的节拍点对齐，可以在选中该素材后，依次点击界面下方"变速""常规变速"选项，并适当降低速度，从而起到延长素材时长的效果，如图5-47所示。

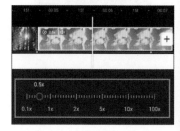

图5-47

2.营造"漏光"效果

通过添加特效、转场等操作营造胶片"漏光"的效果，具体的操作方法如下。

❶ 点击界面下方的"特效"按钮，选择"光影"分类下的"胶片漏光"效果，如图5-48所示。

❷ 将时间轴移至"漏光"效果亮度最高的时间点，选中该特效，拖动右侧"白边"至时间轴，如图5-49所示。此步的目的是为了让"漏光"特效在最亮的时候结束，与之后的转场效果衔接，从而让画面的转换更自然。

❸ 由于需要与转场效果衔接，所以将"漏光"特效的末尾与节拍点对齐，如图5-50所示。

图5-48

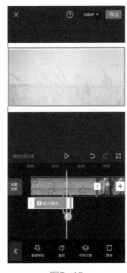
图5-49

图5-50

❹ 选中该特效，点击界面下方的"复制"按钮，并将特效移至每一段素材的下方，结尾与相应节拍点对齐，如图5-51所示。

❺ 点击片段衔接处的▯图标，为其添加转场效果，让"漏光"效果出现后的画面变化更自然，如图5-52所示。

❻ 选择"特效转场"分类下"炫光"效果，并将"转场时长"值设置为0.5s，点击界面左下角"应用到全部"按钮，如图5-53所示。

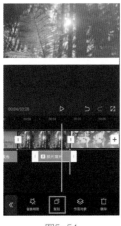

图5-51

图5-52

图5-53

⑦ 在添加转场效果后，画面的转化变成了一个过程，所以需要微调片段长度，使节拍点与转场效果中间位置对齐，从而维持之前的"踩点"效果，如图 5-54 所示。

⑧ 在微调片段的长度时，如果出现部分素材时长不够，无法使转场效果中间位置与节拍点对齐的情况，则需要依次点击界面下方的"变速"和"常规变速"按钮，适当降低播放速度，如图 5-55 所示。

图5-54

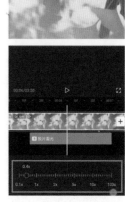
图5-55

3.利用滤镜、文字等润饰画面

在胶片"漏光"效果制作完成后，再通过滤镜、文字等对画面进行润饰，具体的操作方法如下。

❶ 由于此时视频时长已经最终确定，所以将时间轴移至音频片段末尾，使其稍稍比主视频轨道短一点。选中音频轨道，点击界面下方的"分割"按钮，并将后半段音频删除，如图 5-56 所示。这样可以避免出现只有声音而没有画面的情况。而用于形成上下"白色边框"的白场素材的时长则调整至与主视频轨道末端对齐。

❷ 点击界面下方的"贴纸"按钮，如图 5-57 所示。

❸ 选择"旅行"分类下的 Travel Vlog 贴纸，这不仅与视频主题吻合，还能够营造文艺感，如图 5-58 所示。

图5-56

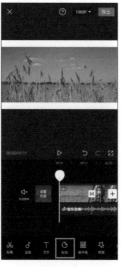
图5-57

图5-58

④ 选中贴纸轨道，即可调整其大小和位置。将贴纸轨道末端与节拍点对齐，从而在"漏光"亮度最高时让其自然消失，如图 5-59 所示。

⑤ 选中贴纸轨道，点击界面下方的"动画"按钮，为其添加"入场动画"分类下的"放大"效果，并适当延长"动画时长"，如图 5-60 所示。

⑥ 为了让视频开场更自然，所以点击界面下方的"特效"按钮，添加"基础"分类下的"模糊"效果，并将其首尾分别与视频开头和第一个节拍点对齐，如图 5-61 所示。

⑦ 在不选中任何素材的情况下，点击界面下方的"滤镜"按钮，添加"清新"分类下的"潘多拉"滤镜，然后让"滤镜"轨道覆盖整个视频，如图 5-62 所示。

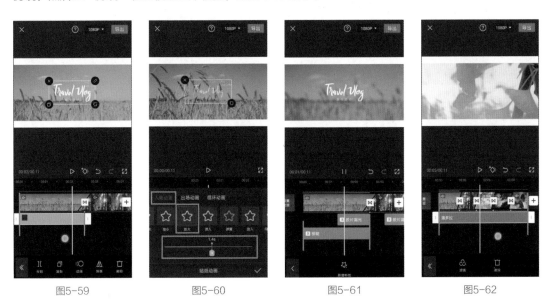

图5-59　　　　　　图5-60　　　　　　图5-61　　　　　　图5-62

5.9　利用特效增加视觉冲击力——运动残影效果

在剪映中，并不是只能选择"特效"选项中那些现成的效果。在本例中，将利用画中画和不透明度营造运动残影特效，以增加画面的视觉冲击力。再辅以其他特效，让本身就颇具动感的画面更酷炫。

1.让画面与音乐节奏相契合

由于本例制作的效果节奏偏快并且节奏感很强，但素材本身的动感相对要差一些，所以需要进行定格、变速等处理，使其与同样快节奏的音乐相契合，具体的操作方法如下。

① 导入素材至剪映，点击界面下方的"比例"按钮，如图 5-63 所示。

② 点击 9:16 按钮，从而令视频适合手机竖屏观看，如图 5-64 所示。

③ 点击界面下方的"背景"按钮，如图 5-65 所示。

④ 选择"画布模糊"选项，并从中选择一种模糊效果，如图 5-66 所示。经过以上 4 步处理，初步

确定该视频的呈现形式。

图5-63　　　　　　　图5-64　　　　　　　图5-65　　　　　　　图5-66

⑤ 依次点击界面下方的"音频"和"音乐"按钮，添加"卡点"分类下的《就这？》作为背景音乐，如图 5-67 所示。

⑥ 之所以添加该背景音乐，是因为其在开头部分有两个明显的节拍点，并且节拍点前后的节奏有明显的变化。第一个节拍点处将为画面做定格处理，而第二个节拍点处，将作为"运动残影"效果的起始位置。但在添加音乐后，发现在一个节拍点处的动作已经比较快，导致与后面的残影运动效果的对比不会很明显。所以将音乐开头的一小部分删除，使第一个节拍点处的瞬间定格画面相对普通，如图 5-68 所示。

⑦ 选中音频轨道，点击界面下方的"踩点"按钮。由于此处只需要添加前文提到的两个节拍点，所以将进行手动添加。在播放音乐的过程中，在节拍点处点击界面下方的"添加点"按钮，如图 5-69 所示。其中第一个节拍点处的声音类似"上子弹"，而第二个节拍点则为刚说完"就这"二字之后。

⑧ 将时间轴移至第一个节拍点处，点击界面下方的"定格"按钮，如图 5-70 所示。

⑨ 将"定格"后出现的静态画面末尾与第二个节拍点对齐，如图 5-71 所示。这样视频的节奏就与音乐节拍有了一定的契合度。

⑩ 但在第二个节拍点后，也就是打算制作运动残影效果的部分，其舞蹈动作速率有些慢，跟不上背景音乐的节奏，而且也会让画面看起来不够"酷"。所以，接下来根据音乐节奏，让画面出现加速、减速的交替变化。选中第二个节拍点后的视频片段，点击界面下方的"变速"按钮，如图 5-72 所示。

图5-67

图5-68

图5-69

图5-70

图5-71

图5-72

⑪ 选择"曲线变速"，并连续两次点击"自定"选项，如图 5-73 所示。

⑫ 由于该背景音乐在第二个节拍点后的节奏非常快，所以只需要让"加速"与"减速"交替出现即可，调整后的速度曲线如图 5-74 所示。

⑬ 在进行视频预览时发现，个别很酷的动作被加速播放了，而一些不是很酷的动作被减速了。所以需要再次进入速度曲线，适当对减速的区域进行调整，尽量让比较酷的动作处于被减速的状态，而且可以通过两个锚点让某一小段画面持续处于慢动作状态，如图 5-75 所示。

图5-73

图5-74

图5-75

2.制作"运动残影"效果

下面开始为第二个节拍点后的画面制作"运动残影"效果，具体的操作方法如下。

❶ 移动时间轴至如图5-76所示的动作处，该动作正好为一个慢动作效果。点击界面下方的"分割"按钮，选中后半段视频并将其删除，从而确定视频的长度，然后将音乐结尾与视频结尾对齐或者稍短一点。

❷ 选中第二个节拍点，即刚刚做完曲线变速效果的视频片段，点击界面下方的"复制"按钮，如图5-77所示。

❸ 选中复制得到的视频片段，点击界面下方的"切画中画"按钮，如图5-78所示。如果发现"切画中画"按钮是灰色的无法使用，则需要在不选中任何素材的情况下，点击"画中画"按钮，然后选中希望切画中画的视频片段，该按钮即可正常使用。

图5-76

图5-77

图5-78

❹ 移动画中画轨道中的素材，使其起始位置距第二个节拍点的时长大概在 2.5f。为了精确确定视频片段的位置，建议将轨道拉至最长，从而让每一格时间刻度为 2.5f，如图 5-79 所示。

❺ 选中画中画轨道中的素材，点击界面下方的"不透明度"按钮，如图 5-80 所示。

❻ 将"不透明度"值调整为 80，如图 5-81 所示。

❼ 采用相同的方法，将第二个节拍点后的视频片段再复制一次，然后切到画中画轨道，只不过第二次复制的视频片段的起始位置要比上一条画中画轨道的素材再往右侧移动 2.5f 左右，然后将"不透明度"值修改为 60。

❽ 以此类推，最终让时间线中出现 3 条画中画轨道，并且依次向右差 2.5f 左右，不透明度每次递减 20，如图 5-82 所示。

图5-79　　　　　　　图5-80　　　　　　　图5-81　　　　　　　图5-82

3.营造"对比"让画面更酷炫

接下来突出第一个节拍点后不是很"酷"的定格画面与第二个节拍点后，比较"酷"的残影画面之间的对比，具体的操作方法如下。

❶ 分别选中第二个节拍点之前的两段素材，点击界面下方的"滤镜"按钮，选择"风格化"分类下的"牛皮纸"效果，如图 5-83 所示。

❷ 由于在第一个节拍点后，背景音乐有两次心跳声，所以为其添加"心跳"特效。点击界面下方的"特效"按钮，在"动感"分类下即可找到该特效，如图 5-84 所示。

❸ 选中特效轨道，适当缩短该特效的时长，仅保留两次心跳效果，并确定其位置，使其与背景音乐中的心跳声匹配，如图 5-85 所示。

图5-83　　　　　　　　　　图5-84　　　　　　　　　　图5-85

④ 点击界面下方的"新增特效"按钮，添加"动感"分类下的"色差放大"特效，如图 5-86 所示。

⑤ 将该特效的起始位置与第二个节拍点对齐，令带有残影的部分视频视觉冲击力更强，如图 5-87 所示。

⑥ 但此时会发现，特效只作用于背景，所以需要在选中特效后，点击界面下方的"作用对象"按钮，如图 5-88 所示。

提示

当为有画中画轨道的部分视频添加特效时，其"作用对象"默认为主视频轨道画面。但在大多数情况下，添加的特效都希望作用于整个画面或者单独作用于画中画轨道的素材上。因此，既添加了画中画，又要添加特效时，往往要对"作用对象"进行设置。

图5-86　　　　　　　　　　图5-87　　　　　　　　　　图5-88

⑦ 将作用对象设置为"全局"，从而让全部画面都带有特效，如图 5-89 所示。

⑧ 选中该特效并复制，将其拖至视频的结尾部分，进一步完善视频。需要注意的是，复制后的特效也需要手动将其"作用对象"设置为"全局"，如图 5-90 所示。

⑨ 将每一条画中画轨道素材的结尾都与主视频轨道对齐，即完成本例的制作，如图 5-91 所示。

> **提示**
>
> 　　由于本例中加入了多段持续时间较长的画中画，所以在预览过程中多少会出现卡顿的现象（需要手机在短时间内处理的数据过多）。但此处预览时的卡顿并不是视频的真实状态，当将其导出为视频文件后，即可看到流畅的视频画面了。

图5-89

图5-90

图5-91

5.10　利用特效弥补画面缺陷——牛奶消失效果

在进行部分需要合成画面的后期处理时，多少会有一些瑕疵。对于一些可能会被注意到的瑕疵，则可以利用"特效"来分散观者的注意力，并起到弥补画面缺陷的作用。在本例中，将通过蒙版、关键帧、画中画等功能实现"牛奶消失"效果，并利用特效，对画面中的瑕疵进行遮掩。

1.拍摄所需素材

为了实现"牛奶消失"效果，需要拍摄满足要求的视频素材，具体的操作方法如下。

① 将手机固定好，确定取景范围。建议将玻璃杯架起一定高度，这样可以在几乎平视角度拍摄玻璃杯的同时，还能够采用竖幅拍摄（便于手机观看），并且构图也更美观，如图 5-92 所示。

❷ 视频素材需要包括如图 5-92 所示的相对静止的镜头，以及如图 5-93 所示的倒牛奶画面，还有如图 5-94 所示的遮挡牛奶的手逐渐抬起的画面。

图5-92

图5-93

图5-94

❸ 拍摄过程中要尽量保证杯子的背景几乎不发生变化，所以拍摄者全程站在杯子后方，那么杯子的背景就是没有明显变化的外套。当然，也可以侧过身拍摄，让杯子的背景始终是书架。总之，只要注意不要让透明杯子范围内的一部分背景是书架，另一部分背景是衣服即可。否则，在后期合成时会无法得到逼真的效果。

❹ 透明杯子很难准确对焦，建议在其同一平面的左侧或右侧放置一个其他物品，从而将手机对该景物进行对焦，然后长按对焦框，锁定曝光与对焦。

❺ 打开拍摄的视频，然后进行截图，将杯子部分单独抠取出来，如图 5-95 所示。

图5-95

> **提示**
>
> 　　拍摄者在录制这段视频素材时有一点失误，就是用左手做遮挡牛奶的动作。因为打亮该场景的自然光来自画面右侧，所以当左手遮挡牛奶时，手臂势必会遮挡住部分光线，导致玻璃杯的亮度要比空镜头时低，在合成时就会有一定的瑕疵。因此，建议在拍摄时，根据自然光方向，选择尽量少遮挡光线的手做"挡牛奶"的动作。
>
> 　　另外，如果会使用Photoshop，则建议利用该软件抠出画面的杯子，效果会更好。

2.让画面与背景音乐的节拍相契合

这个视频中的一个重要转折点就是手遮挡住牛奶后逐渐抬起并刚好露出一点点杯子底部的瞬间。因为在这个瞬间，当观者发现杯子中的牛奶消失时，会非常意外，所以需要通过音乐节奏的变化来突出这个转折点，具体的操作方法如下。

❶ 录制的视频素材的开头与结尾势必会有不需要的部分，所以将时间轴移至刚要开始倒牛奶的瞬间，点击界面下方的"分割"按钮，并将不需要的部分删除，如图 5-96 所示。

❷ 再将时间轴移至遮挡牛奶的手完全离开杯子的瞬间，点击界面下方的"分割"按钮，选中不需要的部分并删除，如图 5-97 所示。

❸ 依次点击界面下方的"音频"和"音乐"按钮，使用"卡点"分类下《要不要变个身？》作为背景音乐，如图 5-98 所示。

图5-96　　　　　　　　　　图5-97　　　　　　　　　　图5-98

❹ 选中音频轨道，点击界面下方的"踩点"按钮，如图 5-99 所示。

❺ 因为此处只需要添加一个节拍点即可，故选择手动添加。当音乐中出现"枪声"时，点击界面下方的"添加点"按钮，如图 5-100 所示。

❻ 接下来要让前文提到的画面的"转折点"与刚刚标出的节拍点相契合，也就是要让"枪声"之后，出现手遮住牛奶并逐渐往上抬的画面。但此时从视频开头，到手往上抬的时长明显过长，所以需要对倒牛奶部分的画面进行加速处理，从而让抬手画面的起点与节拍点对齐。先将时间轴移至手开始往上抬的时间点，然后选中视频轨道，点击界面下方的"分割"按钮，再点击"变速"按钮，如图 5-101 所示。

❼ 选择"常规变速"，将其设置为 4.5x，使该片段末尾几乎与节拍点对齐，如图 5-102 所示。

❽ 当画面与音乐节拍点契合后，视频时长也就确定了，所以将时间轴移至视频末尾稍微偏左的位置，选中音频轨道，点击界面下方"分割"按钮，并将后半段音乐删除，如图 5-103 所示。

❾ 选中音频轨道，点击界面下方的"淡化"按钮，适当增加"淡出时长"，让视频结束得比较自然，如图 5-104 所示。

提示

在本例中，将速度设置为4.5×后，即刚好实现片段末尾与节拍点对齐属于偶然事件，在大多数情况下，仅通过调节"变速"是无法让画面与节拍点相匹配的。因为，倒牛奶的画面多一点少一点对画面影响不大，所以建议让视频片段末尾在变速后依然处于节拍点的右侧，然后在视频开头删除部分画面，使末尾与节拍点对齐。

图5-99

图5-100

图5-101

图5-102

图5-103

图5-104

3.营造牛奶消失效果

接下来将通过画中画、蒙版和关键帧功能让牛奶"消失"，具体的操作方法如下。

❶ 依次点击界面下方的"画中画"和"新增画中画"按钮，将之前抠出的玻璃杯图片导入剪映，如图 5-105 所示。

❷ 调整玻璃杯图片的大小和位置，使其与视频中的玻璃杯完全重合。如果不好确定是否完全重合，可以选中画中画轨道后，点击界面下方的"不透明度"按钮，适当减小"不透明度"值，然后再进行观察，如图 5-106 所示。注意，确定重合后，要将"不透明度"值再恢复到 100。

❸ 将时间轴移至手完全挡住牛奶的最后一刻（也就是下一刻就会有杯底的牛奶出现在画面中），长按并拖动画中画轨道，将其起始位置拖至时间轴所在的时间点，如图 5-107 所示。

图5-105

图5-106

图5-107

④ 选中画中画轨道，点击界面下方的"蒙版"按钮，添加"线性"蒙版，并调整其角度，使其与画面中小拇指的角度基本一致，如图 5-108 所示。

⑤ 将时间轴移至画中画轨道素材的起始位置，点击  图标添加关键帧，如图 5-109 所示。

⑥ 略微向右侧移动时间轴，使杯中牛奶刚刚出现，然后点击界面下方的"蒙版"按钮，如图 5-110 所示。

提示

在调整线性蒙版角度时，要让线条上方的区域处于被遮盖的状态，也就是随着蒙版线条的向上移动，"空玻璃杯"逐渐在线条下方出现。如果发现空玻璃杯在线条上方出现了，则需要将该线性蒙版旋转180°。

图5-108

图15-109

图5-110

❼ 适当提高线性蒙版的位置，使其继续紧贴小拇指的下边缘，从而让杯中牛奶"消失"，如图 5-111 所示。此时，剪映会自动在时间轴所在位置再创建一个关键帧。

❽ 接下来为重复操作，不断将时间轴向右移动，当有牛奶出现在杯中后，就点击界面下方"蒙版"按钮，并适当提高线性蒙版的位置，使其与小拇指下边缘相切，从而让牛奶"消失"，如图 5-112 所示。

❾ 最终得到线性蒙版位置始终跟随小拇指下边缘移动，直至整个空玻璃杯都出现在画面中，即实现随着手抬起，牛奶逐渐消失的效果。而此时，在画中画轨道上，也会被打上很多个关键帧，如图 5-113 所示。

❿ 选中画中画轨道，并拉动其右侧"白框"至视频结尾处，使空玻璃杯始终出现在画面中，如图 5-114 所示。

图5-111　　　　　图5-112　　　　　图5-113　　　　　图5-114

4.增加特效润饰画面并弥补缺陷

前文已经提到，由于前期拍摄素材时，手遮挡牛奶的同时也遮挡了部分光线，导致抠出的空杯子图片亮度要比视频中有牛奶杯子的亮度高，所以合成效果并不完美，因此需要利用特效分散观者的注意力，让画面更逼真，具体的操作方法如下。

❶ 点击界面下方的"特效"按钮，添加"动感"分类下的"抖动"效果，如图 5-115 所示。

❷ 将该特效起始位置与节拍点对齐，并适当缩短特效的长度，使其仅在"枪声"出现时"抖动"一次，如图 5-116 所示。

❸ 点击界面下方的"新增特效"按钮，为画面添加"动感"分类下的"灵魂出窍"效果，如图 5-117 所示。

图5-115

图5-116

图5-117

④ 将该特效的起始位置与"枪声"响起后第一个声音出现的时间点对齐，如图 5-118 所示，其结尾与视频结尾对齐即可。

⑤ 点击界面下方的"新增特效"按钮，选择"光影"分类下的"胶片漏光 II"效果，将其首尾与"灵魂出窍"特效对齐即可。分别选中这两个特效，点击界面下方的"作用对象"按钮，并将其设置为"全局"，如图 5-119 所示。

以上添加的 3 个特效，既可以让视频看起来更酷炫，又可以分散观者对玻璃杯明暗分布的注意力，从而起到弥补缺陷的作用。

图5-118

图5-119

5.11 "文字"往往都是画面中的关键元素

5.11.1 添加一个赏心悦目的标题

添加一个赏心悦目的标题的具体操作方法如下。

❶ 将视频导入剪映后，点击界面下方的"文本"按钮，如图 5-120 所示。

❷ 点击界面下方的"新建文本"按钮，如图 5-121 所示。

❸ 输入希望作为标题的文字，如图 5-122 所示。

❹ 点击"样式"按钮，即可更改字体和颜色。而文字的大小则可以通过"放大"或"缩小"的手势进行调整，如图 5-123 所示。

图5-120

图5-121

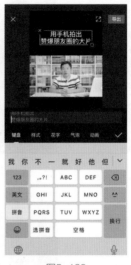

图5-122

图5-123

❺ 为了让标题更突出，当文字的颜色设定为橘黄色后，点击界面下方的"描边"按钮，将边缘设为蓝色，从而利用对比色让标题更鲜明，如图 5-124 所示。

❻ 确定好标题的样式后，还需要通过"文本轨道"和时间线来确定标题显示的时间。在本例中，希望标题始终出现在视频界面，所以"文本轨道"完全覆盖"视频轨道"，如图 5-125 所示。

图5-124

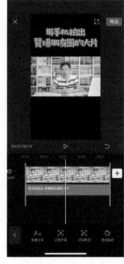

图5-125

5.11.2　添加字幕提升视频观看体验

添加字幕提升视频观看体验的具体操作方法如下。

❶ 将视频导入剪映后，点击界面下方的"文本"按钮，再点击"识别字幕"按钮，如图5-126所示。

❷ 在点击"开始识别"按钮之前，建议选中"同时清空已有字幕"复选框，防止在反复修改时出现字幕错乱的现象，如图5-127所示。

❸ 自动生成的字幕会出现在视频下方，如图5-128所示。

图5-126

图5-127

图5-128

❹ 点击字幕并拖曳，即可调整其位置。通过"放大"或"缩小"的手势，可调整字幕大小，如图5-129所示。

❺ 值得一提的是，当对其中一段字幕进行修改后，其余字幕将自动同步修改（默认设置），如在调整位置并放大图5-129的字幕后，如图5-130所示中的字幕位置和大小将同步得到修改。

❻ 同样，字幕的颜色、字体，也可以进行详细调整，如图5-131所示。另外，如果取消选中"样式、花字、气泡、位置应用到识别字幕"复选框，则可以在不影响其他字幕效果的情况下，单独对一段字幕进行修改。

图5-129

图5-130

图5-131

5.12 制作会"动"的文字

5.12.1 从丰富的动画效果中选择

如果想让画面中的文字动起来，最常用的方法就是为其添加"动画"，具体的操作方法如下。

❶ 选中一个文字轨道，并点击界面下方的"动画"按钮，如图 5-132 所示。

❷ 在界面下方选择为文字添加"入场动画""出场动画"还是"循环动画"。"入场动画"往往和"出场动画"一同使用，从而让文字的出现与消失都更自然。选中其中一种"入场动画"后，下方会出现控制动画时长的滑块，如图 5-133 所示。

❸ 选择一种"出场动画"后，控制动画时长的滑块会出现红色部分。控制红色线段的长度，即可调节出场动画的时长，如图 5-134 所示。

而"循环动画"往往当画面中的文字需要长时间停留在画面中，又希望其处于动态效果时才会使用。需要注意的是，"循环动画"不能与"入场动画"和"出场动画"同时使用。一旦设置了"循环动画"，即便之前已经设置了入场或出场动画，也会自动被取消。

同时，在设置了"循环动画"后，界面下方的"动画时长"滑块将更改为"动画速度"滑块，如图 5-135 所示。

图5-132

图5-133

图5-134

图5-135

提示

应该通过视频的风格和内容来选择合适的文字动画。例如，当制作"日记本"风格的vlog视频时，如果文字标题需要长时间出现在画面中，那么就适合使用循环动画中的"轻微抖动"或者"调皮"效果，从而既避免画面死板的问题，又不会因为文字动画幅度过大影响内容表达。一旦选择了与视频内容不相符的文字动画效果，很可能让观者的注意力难以集中在视频本身。

5.12.2　"打字"效果

很多视频的标题都是通过"打字"效果展示的，这种效果的关键在于，利用文字入场动画与音效相配合实现。下面，就通过一个简单的实例，讲述为文字添加动画的操作方法。

❶ 选择希望制作"打字"效果的文字，并添加"入场动画"分类下的"打字机Ⅰ"效果，如图5-136所示。

❷ 依次点击界面下方的"音频"和"音效"按钮，为其添加"机械"分类下的"打字声"音效，如图5-137所示。

❸ 为了让"打字声"音效与文字出现的时机相匹配（文字在视频一开始就逐渐出现），所以适当减少"打字声"音效的开头部分，从而令音效也在视频开始时就出现，如图5-138所示。

图5-136

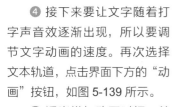

图5-137

图5-138

❹ 接下来要让文字随着打字声音效逐渐出现，所以要调节文字动画的速度。再次选择文本轨道，点击界面下方的"动画"按钮，如图5-139所示。

❺ 适当增加动画时间，并反复试听，直到最后一个文字出现的时间点与打字音效结束的时间点基本一致即可。对于本例而言，当入场动画时长设置为1.6s时，与"打字声"音效基本匹配，如图5-140所示。至此，"打字"效果制作完成。

图5-139

图5-140

5.13 让视频中出现"语音"的功能——朗读文本

想必大家在"刷抖音"时一定总是听到一个熟悉的女声，这个声音在很多教学类、搞笑类、介绍类短视频都很常见。有些人以为是进行配音后再做变声处理的，其实没有那么麻烦，只需要利用"朗读文本"功能就可以轻松实现，具体的操作方法如下。

❶ 选中已经添加好的文本轨道，点击界面下方的"文本朗读"按钮，如图 5-141 所示。

❷ 在弹出的选项中，选择喜欢的音色。大家在抖音中经常听到的正是"小姐姐"音色，如图 5-142 所示。简单两步，视频就会自动播放所选文本的语音。

❸ 利用同样的方法，即可让其他文本轨道也自动生成语音。但此时会出现一个问题，相互重叠的文本轨道导出的语音也会互相重叠。此时，切记不要调节文本轨道，而是要点击界面下方的"音频"按钮，从而看到已经导出的各个"语音"轨道，如图 5-143 所示。

图5-141

图5-142

图5-143

❹ 只需要让"语音"轨道彼此错开，即可解决语音相互重叠的问题，如图 5-144 所示。

❺ 如果希望实现视频中没有文字，但依然有"小姐姐"语音，可以通过以下两种方法实现。

方法一：在生成语音后，将相应的文本轨道删掉。

方法二：在生成语音后，选中文本轨道，点击"样式"按钮，并将"透明度"值设置为 0，如图 5-145 所示。

图5-144

图5-145

5.14　文字遮挡效果

当文字与剪映中的其他功能组合运用时，可以实现更丰富、更精彩的效果。本例将讲述如何制作让文字形成被画面中景物遮挡的效果，并利用文字制作出精彩的片头。在后期剪辑过程中，将使用到剪映的画中画、蒙版、关键帧、特效等功能。

1.制作文字素材

如果直接在画面中添加文字，就无法配合使用画中画、蒙版等功能，导致很多效果无法实现。所以首先要制作文字素材，让文字以"图片"或者"视频"的形式导入到剪映，具体的操作方法如下。

❶ 点击"开始创作"按钮后，添加"素材库"中的"黑场"素材，如图 5-146 所示。

❷ 点击界面下方的"文字"按钮，如图 5-147 所示。

❸ 点击"新建文本"按钮，输入希望在画面中显示的文字。在本例中，准备的素材是一段城市建筑物的画面，所以输入文字"现代城市生活"，如图 5-148 所示。

图5-146

图5-147

图5-148

❹ 选中文字，点击界面下方的"样式"按钮，如图 5-149 所示。

❺ 此处选择"新青年体"。当然，也可以选择其他字体，并在该界面下调整文字的颜色、描边、排列等，如图 5-150 所示。

❻ 将剪映截屏，并使用手机自带软件裁剪出图片中黑底的文字，如图 5-151 所示。至此，文字图片素材就制作好了。

图5-149

图5-150

图5-151

2.制作文字遮挡及放大效果

文字素材准备好后，即可开始制作文字从建筑物"背后"出现，及遮挡效果和放大效果，具体的操作方法如下。

❶ 将视频素材导入剪映，点击界面下方的"画中画"按钮，如图 5-152 所示。

❷ 点击"新增画中画"按钮，将已经准备好的文字图片导入剪映，如图 5-153 所示。

❸ 选中画中画轨道中的文字图片，点击界面下方的"混合模式"按钮，如图 5-154 所示。

图5-152

图5-153

图5-154

❹ 选择"滤色"模式，文字背景的黑色消失，如图 5-155 所示。

❺ 选中文字，将其移至如图 5-156 所示的位置。

❻ 继续选中该文字，点击界面下方的"蒙版"按钮，选择"线性"蒙版，并旋转该蒙版，使其刚好与建筑物左侧边缘相切，并且让文字完全消失，如图 5-157 所示。

图5-155　　　　　　　　　　　图5-156　　　　　　　　　　　图5-157

⑦ 将文字图片轨道拖至视频起始位置，然后将时间轴移至轨道的最左侧。选中文字图片轨道，点击 图标，创建关键帧，如图 5-158 所示。

⑧ 将时间轴移至希望文字完全显示的时间点，本例在 2.5s 左右。选中文字图片轨道，在预览界面中向左水平调整文字的位置。由于此时看不到文字，所以只能通过印象中文字的大概长度进行判断，如图 5-159 所示。

⑨ 保持时间轴不动，选中文字图片轨道，点击界面下方的"蒙版"按钮，将蒙版线条向右移至建筑物的边缘，同时显示文字。此时，就可以观察到文字是否完全显示出来了。如果没有完全显示出来，如图 5-160 所示，则需要再次向左移动文字，并相应调整蒙版线条的位置，直到蒙版线条与建筑物的左侧边缘相切，并且文字完全在建筑物的左侧显示为止，如图 5-161 所示。

图5-158　　　　　　　　图5-159　　　　　　　　图5-160　　　　　　　　图5-161

⑩ 选中文字图片素材轨道，向右拉动右侧的"边框"，延长文字显示时长，并移动时间轴至希望文字结束放大动画的时间点。本例中时间轴位于 5s 的位置，如图 5-162 所示。

⑪ 保持时间轴位置不动，将画面中的文字放大，并移至中央，如图 5-163 所示。此时即制作出文字从大厦背后出现，并逐渐放大移至画面中央的效果。

⑫ 由于第 5 秒时文字已经完全放大，为了让标题展示时间更充足，所以将文字轨道拉长至 6s 左右，然后将主视频轨道末尾与文字图片轨道末尾对齐，如图 5-164 所示。

图5-162

图5-163

图5-164

3.添加特效和背景音乐

为视频添加特效和背景音乐，让以文字效果为主的片头更精彩，具体的操作方法如下。

❶ 点击界面下方的"特效"按钮，选择"动感"分类下的"文字闪动"效果，如图 5-165 所示。之所以选择该特效，是因为其不断出现的数字具有一定的现代感，与标题和画面内容都能够很好搭配。

❷ 移动时间轴，找到文字从大厦后方完全出现并且刚要放大的时间点。长按该特效并拖动，使其开头位置吸附在时间轴上，如图 5-166 所示。

❸ 选中该特效，将其结尾与视频结尾对齐，如图 5-167 所示。

提示

先移动时间轴确定位置，再拖动特效、贴纸、文字等轨道至时间轴是常用的确定某效果作用范围的方法。但需要注意的是，在确定时间轴位置后，一定要直接长按特效、贴纸等轨道进行移动，否则在选中特效等轨道的瞬间，时间轴的位置就会发生移动。

图5-165   图5-166   图5-167

④ 点击界面下方的"新增特效"按钮，选择"动感"分类中的"心跳"效果，如图 5-168 所示。

⑤ 选中"文字闪动"特效轨道，点击界面下方的"作用对象"按钮，将其设置为"全局"，如图 5-169 所示。

⑥ 选中"心跳"特效轨道，将"作用对象"设置为"画中画"，如图 5-170 所示。

⑦ 将"心跳"特效的起始位置与"文字闪动"特效对齐，并适当缩短该特效的播放时间，让文字只"跳动"一次，如图 5-171 所示。

⑧ 为其添加一首"酷炫"分类中的《失波》作为背景音乐，完成整个实例的制作。

图5-168   图5-169   图5-170   图5-171

第 **6** 章

配乐是视频的灵魂

6.1 背景音乐的重要作用

如果没有音乐，只有动态的画面，视频就会给人一种干巴巴的感觉。所以，为视频添加背景音乐是视频后期剪辑的必要操作。

6.1.1 让视频蕴含的情感更容易打动观者

有的视频画面很平静、淡然，有的视频画面很紧张、刺激，为了能够让视频的情绪更强烈，让观者更容易被视频的情绪所感染，音乐可以起到至关重要的作用。

图6-1

在剪映中有多种不同分类的音乐，如"舒缓""轻快""可爱""伤感"等，这些都是根据"情绪"进行分类的，如图6-1所示，从而让你可以根据视频的情绪，快速找到合适的背景音乐。

6.1.2 节拍点对于营造视频节奏有参考作用

剪辑的一个重要作用就是控制不同画面出现的节奏，而音乐同样有节奏。当每一个画面转换的时刻点均为音乐的节拍点，并且转换频率较快时，就是所谓的"音乐卡点"视频。

这里需要强调的是，即便不是为了特意制作"音乐卡点"效果，在画面转换时如果可以与其节拍匹配，也会让视频的节奏感更好。

6.2 两种添加音乐的方法

6.2.1 从剪映音乐库选择音乐

使用剪映为视频添加音乐的方法非常简单，只需以下3步即可。

❶ 在不选中任何视频轨道的情况下，点击界面下方的"音频"按钮，如图6-2所示。

❷ 点击界面下方的"音乐"按钮，如图6-3所示。

❸ 可以在界面上方，从各个分类中选择希望使用的音乐，或者在搜索栏输入某音乐的名称。也可以在界面下方，从"推荐"和"我的收藏"中选择音乐。

其中点击音乐右侧的"使用"按钮，即可将其添加至音频轨道，点击 ⭐ 图标，即可将其添加到"我的收藏"分类中，如图6-4所示。

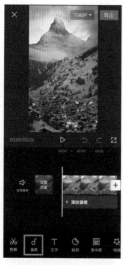
图6-2

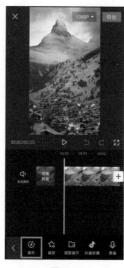
图6-3

图6-4

提示

在添加背景音乐时，也可以点击视频轨道下方的"添加音频"按钮，与点击"音频"按钮的作用是相同的，如图6-5所示。

图6-5

6.2.2 从其他视频中提取音频作为背景音乐

如果在一些视频中听到了自己喜欢的背景音乐，但又不知道乐曲的名称，就可以通过"提取音乐"功能将其添加到自己的视频中，具体的操作方法如下。

❶ 准备好具有该背景音乐的视频，依次点击界面下方的"音频"和"提取音乐"按钮，如图6-6所示。

❷ 选中已经准备好的具有好听背景音乐的视频，并点击"仅导入视频的声音"按钮，如图6-7所示。

❸ 提取出的音乐即会在时间线的音频轨道上出现，如图6-8所示。

图6-6

图6-7

图6-8

6.3　配音及变声功能

在视频中除了可以添加音乐，有时也需要加入一些语言来辅助内容的表达。剪映不但具备配音功能，还可以对语音进行变声，从而制作出更有趣的视频，具体的操作方法如下。

❶ 如果在前期录制视频时录下了一些杂音，那么在配音之前，就需要先将原视频的声音关闭，否则会影响配音效果。选中这段待配音的视频，点击界面下方的"音量"按钮，并将滑块调整为0，如图6-9所示。

❷ 点击界面下方"音频"选项，并选择"录音"功能，如图6-10所示。

❸ 按住界面下方的红色按钮开始录音，如图6-11所示。

图6-9

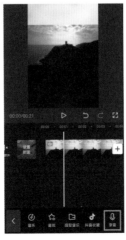
图6-10

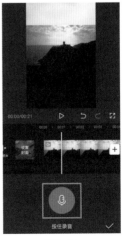
图6-11

④ 松开红色按钮完成录音,其音轨如图 6-12 所示。

⑤ 选中录制的音频轨道,点击界面下方的"变声"按钮,如图 6-13 所示。

⑥ 选择喜欢的变声效果即可完成"变声"处理,如图 6-14 所示。

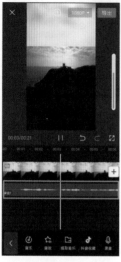

图6-12

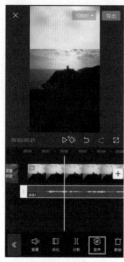

图6-13

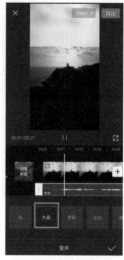

图6-14

6.4 让"音效"成为画龙点睛的那一笔

当出现与画面内容相符的音效时,会大幅增加视频的代入感,让观者更有沉浸感。剪映中自带的"音效库"非常丰富,下面具体介绍添加音效的方法。

❶ 依次点击界面下方的"音频"和"音效"按钮,如图 6-15 所示。

❷ 点击界面中不同的音效分类,如综艺、笑声、机械等,即可选择该分类下的音效。点击音效右侧"使用"按钮,即可将其添加至音频轨道,如图 6-16 所示。

图6-15

图6-16

❸ 或者直接搜索希望使用的音效，如"电流"，与其相关的音效就都会显示在界面下方。从中找到合适的音效，点击右侧"使用"按钮即可，如图 6-17 所示。

❹ 该画面中只需要短暂的电流声来模拟老式胶片电影中的杂声，所以选中音效后，拉动"白框"将其缩短，如图 6-18 所示。

❺ 由于老式胶片电影的杂声是无规律、偶尔出现的，所以需要选中音效，并点击界面下方的"复制"按钮，为片段的其他位置也添加一些"电流"音效，如图 6-19 所示。

图6-17

图6-18

图6-19

6.5　调节不同音轨的音量，营造声音的层次感

为一段视频添加背景音乐、音效或者配音后，在时间线中就会出现多条音频轨道。为了让不同的音频更有层次感，就需要单独调节其音量，具体的操作方法如下。

❶ 选中需要调节音量的轨道，此处选择的是背景音乐轨道，并点击界面下方的"音量"按钮，如图 6-20 所示。

❷ 拖动音量滑块，即可设置所选音频的音量。默认音量为 100，此处适当降低背景音乐的音量，将其调整为 51，如图 6-21 所示。

图6-20

图6-21

❸ 选择"音效"轨道，并点击界面下方的"音量"按钮，如图 6-22 所示。

❹ 适当增加"音效"的音量，此处将其调节为 128，如图 6-23 所示。

通过此种方法，即可实现单独调整音轨音量的操作，并让声音具有明显层次。

需要强调的是，不但每个音频轨道可以单独调整其音量，如果视频素材本身就有声音，那么在选中视频素材后，同样可以通过点击界面下方的"音量"按钮调节其音量，如图 6-24 所示。

图6-22

图6-23

图6-24

6.6 制作卡点音乐视频

"音乐卡点"效果往往可以营造强烈的节奏感，并利用音乐的力量，让视频具有一定的感染力。在本例中，除了讲解如何实现"音乐卡点"，还将演示如何利用静态图片素材模拟视频拍摄中的"镜头晃动"效果。

1. 让视频画面根据音乐节奏变化

所谓"音乐卡点"，其实就是让画面与画面的衔接点正好也是音乐的节拍点，从而实现画面根据音乐节奏而变化的效果，具体的操作方法如下。

❶ 由于音乐卡点视频的节奏往往比较快，那么为了保证其具有一定的时长，所以需要数量较多的素材。本例选择 15 张图片进行卡点视频制作，如图 6-25 所示。

❷ 依次点击界面下方的"音频"和"音乐"按钮，搜索 Tokyo，选择《Tokyo Drif（抖音完整版）》作为背景音乐，如图 6-26 所示。

❸ 选中背景音乐，点击界面下方的"踩点"按钮，如图 6-27 所示。

❹ 开启界面左下角"自动踩点"功能的开关，选择"踩节拍 II"，此时在音频轨道下方会自动生成黄色的节拍点，如图 6-28 所示。之所以不选择"踩节拍 I"，是因为其节拍点过于稀疏。而节拍点稀疏就会导致画面的变化频率低，从而让观者感觉乏味。

图6-25

图6-26

图6-27

⑤ 选中音频轨道，将时间轴移至 2s 左右，点击界面下方的"分割"按钮，将音乐开头节拍相对较弱的部分删除，如图 6-29 所示。

⑥ 选中第一张图片素材，拖动其右侧的白色"边框"，使其与节拍点对齐，并保证素材片段的开头与结尾基本位于两个节拍点之间，如图 6-30 所示。

图6-28

图6-29

图6-30

⑦ 依次将每一段素材的结尾都与下一个节拍点对齐，实现每两个节拍点间一张图片的效果，如图6-31 所示。

⑧ 为了既让视频的节奏产生变化，又不影响卡点效果和快节奏带来的动感，对于个别有些许节奏变化的部分，可以适当延长图片的播放时间。例如在如图 6-32 所示的位置，让该画面跨过了一个节拍点。

❾ 按照相同的思路将全部 15 个片段与节拍点逐一对应。处理完成后，视频的时长也就确定了，所以缩短音频轨道至视频轨道的末尾，或者比视频轨道稍微短一点，从而避免在结尾处出现黑屏现象，如图 6-33 所示。

图6-31

图6-32

图6-33

2. 模拟镜头晃动效果

在实现"音乐卡点"效果后，视频的效果其实并不好，所以需要通过进一步的处理使其更有看点。接下来，将通过剪映模拟前期拍摄的镜头晃动效果，从而令画面更具动感，具体的操作方法如下。

❶ 将没有填充整个画面的素材放大至填充整个画面，使该视频比例统一，如图 6-34 所示。

❷ 将时间轴移至第二个视频片段，并选中该片段，点击界面下方的"动画"按钮，如图 6-35 所示。

❸ 选择"组合动画"中的"荡秋千"效果，并将"动画时长"滑块拖至最右侧，如图 6-36 所示。之所以选择该动画，是因为其可以实现类似前期拍摄时的镜头晃动效果。没有为第一个视频片段增加动画，是因为在一个明显的节奏点之后（第一个节奏点几乎与视频开头重合，所以很容易被忽略）开始镜头晃动能够让画面的开场显得更自然。

❹ 设置完成后，移动时间轴至下一个视频片段，则可以直接进行动画设置，无须重复点击"动画"和"组合动画"按钮。在接下来的一个片段中，选择同为"荡秋千"系列的"荡秋千Ⅱ"效果，如图 6-37 所示。

❺ 接下来为重复操作，也就是依次移动时间轴至各个片段，然后为其添加可以实现"镜头晃动"效果的动画，并将"动画时长"滑块拖至最右侧。这里建议在添加动画时，如果有同系列的多个动画效果，则可以让两个该系列动画连接在一起，从而让视频显得更连贯。

图6-34

由于每个片段选择哪个动画并没有强制要求，但不同的动画组合可能有的效果好一些，有的效果差一些，因此在下方展示接下来 12 个片段所添加的动画效果，如图 6-38~ 图 6-49 所示，以供参考。

图6-35

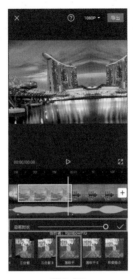

图6-36

图6-37

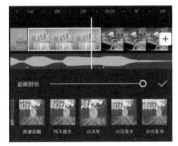

图6-38

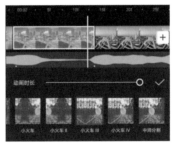

图6-39

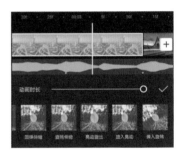

图6-40

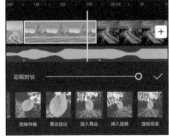

图6-41

图6-42

图6-43

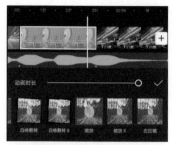
图6-44

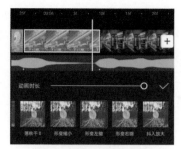
图6-45

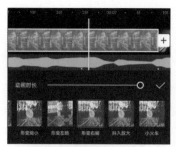
图6-46

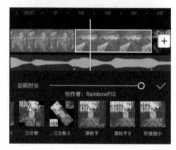
图6-47

图6-48

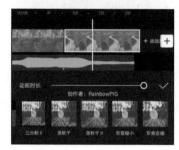
图6-49

3. 添加特效润饰画面

最后为视频添加一些酷炫的特效，让画面更有看点，具体的操作方法如下。

❶ 点击界面下方的"特效"按钮，如图 6-50 所示。

❷ 添加"动感"分类下的"RGB 描边"效果，如图 6-51 所示。

❸ 将该特效的首尾与"跨过一个节拍点"的视频片段首尾对齐，如图 6-52 所示。之所以为"跨过一个节拍点"的画面添加特效，是因为该片段本身就具有节奏的变化，而且展现时间比其他片段更长，所以增加特效后，不会影响节奏感，也不因为画面太乱而让视频看起来很"臃肿"。

❹ 点击界面下方的"新增特效"按钮，选择"动感"分类中的"色差放大"效果，如图 6-53 所示。

❺ 同样，将该特效的首尾也与对应的跨过一个节拍点的视频片段对齐，如图 6-54 所示。至此，模拟镜头晃动音乐卡点效果就制作完成了。

图6-50

图6-51

图6-52

图6-53

图6-54

第**7**章

爆款视频的剪辑套路

无论是剪映手机版还是剪映专业版，甚至是更专业的视频剪辑软件，如 Adobe Premier，它们都只是剪辑的工具而已。学会使用这些软件，并不代表学会了剪辑。对于剪辑而言，在处理视频时的思路往往更为重要。在本章中，将介绍剪辑时常用的，以及不同类别短视频的后期剪辑思路。

7.1　短视频剪辑的4大关键点

1.营造较高的信息密度

一条短视频的时长通常只有十几秒，甚至几秒，为了能够在这很短的时间内迅速抓住观者的眼球，并且讲清楚一件事，需要视频的信息密度很大。

所谓"信息密度"，可以简单理解为画面内容变化的速度。如果画面的变化速度相对较快，在某种程度而言，观者就可以不断获得新的信息，从而在很短的时间内，了解一个完整的"故事"。并且，由于信息密度大的视频不会给观者太多的思考时间，所以有利于保持观者对视频的兴趣，对于提高视频"完播率"也有非常大的帮助。

2.画面与画面之间要具有一定差异

一段完整的视频通常是由几个视频片段组成的，当这些视频片段的顺序不太重要时，就可以根据其差异性来确定哪两个片段衔接。通常而言，景别、色彩、画面风格等方面相差较大的视频片段适合衔接在一起。因为这种跨度大的画面会让观者无法预判下一个场景将会是什么，从而激发其好奇心，并吸引其看完整段视频。

值得一提的是，通过"曲线变速"功能营造运镜速度的变化其实也是为了营造"差异性"。通过"慢"与"快"的差异，让视频效果更多样化。

3.让关键文字与声音一同出现

在剪辑有语言的视频时，可以让画面中出现部分需要重点强调的词汇，并利用剪映中丰富的字体、"花字"样式以及文字动画效果，让视频更具综艺感。

在剪辑过程中要注意语言与文字的出现要几乎完全同步，这样才能体现出"压字"的效果，视频的节奏感也会更为强烈。

4.注意背景音乐的"背景"二字

很多剪辑新手在找到一首非常好听的背景音乐后，总是会将其声音调大，生怕观者听不到这么优美的旋律。但对于视频而言，其画面才是最重要的。背景音乐再好听，也只是陪衬。如果因为背景音乐声音太大而影响了画面的表现，就得不偿失了。尤其是用来营造氛围的背景音乐，其音量只要保持刚好能听到即可。

7.2 换装与换妆类视频后期剪辑的6个关键点

"换装"与"换妆"类视频的核心思路在于营造"换装 / 妆"前后的强烈对比。抖音博主"刀小刀 sama"正是靠此类视频而爆红的，如图 7-1 所示。

流量变现方式：卖服装、卖化妆品、广告植入、抖音商品橱窗卖货等。

在"换装 / 妆"前，人物的穿搭、装扮尽量简单，画面的色彩也尽量真实、朴素，如图 7-2 所示。

在"换装 / 妆"后，可以通过以下 6 点营造"换装 / 妆"前后的强烈对比，得到如图 7-3 所示的效果。

（1）让着装及妆容更时尚、更精致。

（2）使用滤镜营造特殊色彩。

（3）使用剪映中"梦幻"或者"动感"类别中的特效，强化视觉冲击力，如图 7-4 所示。

（4）选择节奏感、力量感更强的背景音乐（BGM）。

（5）"换装 / 妆"前后不使用任何转场特效，从而利用画面的瞬间切换，营造强烈的视觉冲击力。

（6）对"换装 / 妆"后的素材进行减速处理，如图 7-4 所示。

图7-1

图7-2

图7-3

图7-4

7.3　剧情反转类视频后期剪辑的4个关键点

其实，剧情反转类视频主要靠情节取胜，而视频后期剪辑则主要是将多段素材进行剪辑，让故事进展更紧凑，并将每个镜头的关键信息表达出来。抖音博主"青岛大姨张大霞"正是靠此类视频爆红的，如图7-5所示。

流量变现方式：卖服装、道具、广告植入、抖音商品橱窗卖货等。

剧情反转类视频的后期剪辑思路主要有以下4点。

（1）镜头之间不添加任何转场效果，让每个画面的切换都干净利落，将观者的注意力集中在故事情节上。

（2）语言简练，每个镜头时长尽量控制在3s以内，通过画面的变化吸引观者不断看下去，如图7-6所示。

（3）字幕尽量"简"而"精"，通过几个字表明画面中的语言内容，并放在醒目的位置上，有助于观者在很短时间内了解故事情节，如图7-7所示。

（4）在故事的结尾，也就是"真相"到来时，可以将画面减速，给观者一个"恍然大悟"的时间，如图7-8所示。

图7-5

图7-6

图7-7

图7-8

7.4 书单类视频后期剪辑的4个关键点

书单类短视频的重点是要将书籍内容的特点表现出来，而书中一些精彩的段落或者书的内容结构，单独通过语言表达很难引起观者的注意，这就需要通过后期剪辑为视频添加一些起到说明作用的文字。抖音博主"掌悦读书实验室"正是靠此类视频火爆的，如图7-9所示。

流量变现方式：卖书、抖音商品橱窗卖货等。

书单类视频的后期剪辑思路主要有以下4点。

（1）大多数书单类视频均为横屏录制，并在后期剪辑时调整为9：16，从而在画面上方和下方留有添加书名和介绍文字的空间，如图7-10所示。

（2）画面下方的空白可以添加对书籍特色的介绍文字，并且为文本添加"动画"效果，可实现在介绍到某部分内容时，相应的文字以动态的方式显示在画面中，如图7-11所示。

（3）利用文字轨道，还可以确定文字的移出时间，并且同样可以添加动画，如图7-12所示。

（4）书单视频的背景音乐（BGM）尽量选择舒缓一些的，因为读书本身就是在安静环境下做的事，所以舒缓的音乐可以让观者更有读书的欲望。

图7-9

图7-10

图7-11

图7-12

7.5　特效类视频后期剪辑的4个关键点

虽然用剪映或者快影做不出来科幻大片中的特效，但是当"五毛钱特效"与现实中的普通人同时出现时，日常生活也有了一丝梦幻。抖音博主"疯狂特效师"正是靠此类视频爆红的，如图7-13所示。

流量变现方式：广告植入、抖音商品橱窗卖货等。

特效类视频的后期剪辑思路主要有以下4点。

（1）首先要能够想象到一些现实生活中不可能出现的场景，当然，模仿科幻电影中的画面是一个不错的选择。

（2）寻找能够实现想象中场景的素材。例如想拍出飞天效果的视频，那么就要找到与飞天有关的素材；想当"雷神"，就要找到雷电素材等，如图7-14所示。

（3）运用剪映中的画中画功能，如图7-15所示，为视频加入特效素材，与画面中的人物相结合，就能实现基本的特效画面了。为了让画面更有代入感，人物要做出与特效环境相符的动作或表情。

（4）为了让人物与特效结合的效果更完美，不穿帮，可以尝试不同的"混合模式"，如图7-16所示。

图7-13

图7-14

图7-15

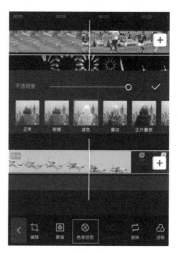

图7-16

7.6 开箱类视频后期剪辑的5个关键点

开箱类视频之所以会吸引观者的眼球，主要出于人的好奇心，所以大多数比较火爆的开箱类视频都属于"盲盒"或者"随机包裹"一类。但一些评测类的视频依旧会包含"开箱"过程，其实也是利用"好奇心"让观者对后面的内容有所期待。抖音博主"良介开箱"正是靠此类视频爆红的，如图7-17所示。

流量变现方式：广告植入、商品橱窗卖货等。

为了能够充分调动起观者的好奇心，开箱类视频的后期剪辑思路主要有以下5点。

（1）在开箱前利用简短的文字介绍开箱物品的类别，以此当作视频封面，如手办、鞋、包等，但不说明具体款式，起到引起观者好奇心的目的，如图7-18所示。

（2）未开箱的包裹一定要出现在画面中，甚至可以多次出现，充分调动观者对包裹内物品的期待与好奇。

（3）用小刀划开包装箱的画面建议完整保留在视频中，甚至可以适当降低播放速度，如图7-19所示。

（4）包装箱打开后，从箱子中拿物品到将物品展示在观者眼前可以剪辑为两个镜头。第一个镜头在慢慢地拿物品，而第二个镜头则直接展示物品，提升一定的视觉冲击力。

图7-17

（5）视频最后，加入对物品的全方位展示，以及适当的讲解，其时长最好占据整个视频的一半，从而给观者充分的时间来释放之前积压的好奇心，如图7-20所示。

图7-18

图7-19

图7-20

7.7 美食类视频后期剪辑的4个关键点

美食类视频的重点是要清晰表现出烹饪的整个流程，并且拍出美食的"色香味"。因此，对美食类视频进行后期剪辑时，在介绍佳肴所需的原材料和调味品时，要注意画面切换的节奏；而在菜肴端上餐桌时，则要注意画面的色彩。抖音博主"家常美食教程（白糖）"正是靠此类视频爆红的，如图7-21所示。

流量变现方式：调味品广告、食材广告植入、商品橱窗售卖食品。

为了清晰表现烹饪流程，呈现菜肴最诱人的一面，其后期剪辑思路主要有以下4点。

（1）在介绍所需调料或者食材时，尽量简短，并通过"分割"工具，让每个食材的出现时长基本一致，从而呈现一种节奏感，如图7-22所示。

（2）为了让每个步骤清晰明了，需要在画面中加上简短的文字，介绍所加调料或烹饪时间等关键信息，如图7-23所示。

（3）通过剪映或快影中的"调节"功能，增加画面的色彩饱和度，从而让菜肴的色彩更浓郁，激发观者的食欲。

（4）美食视频的后期剪辑往往是一个步骤一个画面，所以视频节奏会很紧凑。观者在看完一遍后很难记住所有步骤，因此在最后加入一张文字烹饪方法的图片，可以令视频更受欢迎，如图7-24所示。

图7-21

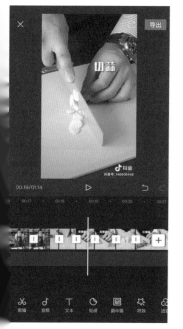

图7-22

图7-23

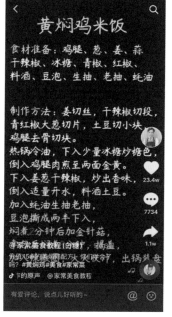

图7-24

7.8 混剪类视频后期剪辑的3个关键点

目前抖音、快手或者其他短视频平台的混剪视频主要分为两类：第一类是对电影或剧集进行重新剪辑，用较短的时间让观者了解其讲述的故事；第二类则是确定一个主题，然后从不同的视频、电影或者剧集中寻找与这个主题相关的片段，将其拼凑在一起。

这两类视频的头部账号均有不错的流量，但第一类，对电影或剧集进行概括性讲解的混剪视频显然更受欢迎。抖音博主"影视混剪王"正是靠此类视频爆红的，如图 7-25 所示。

流量变现方式：广告和商品橱窗卖货。

混剪类视频的后期剪辑思路主要有以下 3 点。

（1）在进行影视剧混剪之前，要将每个画面的逻辑顺序安排好，尽量只将对情节有重要推进作用的画面剪进视频，并通过"录音功能"加入解说，如图 7-26 所示。

（2）因为电影或者电视剧都是横屏的，而抖音和快手大多都是竖屏观看，所以建议通过"画中画"功能将剪辑好的视频分别在画面上方和下方进行显示，形成如图 7-27 所示的效果。

（3）对于确定主题后的视频混剪，则要通过文字或者画面内容的相似性，串联起每个镜头。例如不同影视剧中都出现了主角行走在海边的画面，利用场景的相似性就可以进行混剪；或者按如图 7-28 所示，三个画面表现了在抗疫期间，不同岗位上的人们所做的努力，通过"抗疫"这一主题，将不同的画面联系在一起。

图7-25

图7-26

图7-27

图7-28

7.9　科普类视频后期剪辑的3个关键点

目前抖音或者快手中比较火的科普类视频主要是提供一些生活中的冷知识，例如"为何有的铁轨要用火烧？"或者"市场上猪蹄那么多，但为何很少见牛蹄呢？"。

虽然即便不知道这些知识，对于生活也不会产生影响，但毕竟每个人都有猎奇心理，总是不能抗拒去了解这些奇怪的知识。抖音博主"笑笑科普"正是靠此类视频爆红的，如图7-29所示。

流量变现方式：广告植入和商品橱窗卖货。

科普类视频的后期剪辑思路主要有以下3点。

（1）在第一个画面要加入醒目的文字，说明视频要解决什么问题。这个问题是否能够引起观者的好奇与求知欲，是决定观看量的关键，如图7-30所示。

（2）科普类视频中需要包含多少个镜头，主要取决于需要多少文字能够解释清楚这个问题。因此，在后期剪辑时，其思路与给文章配图是基本相同的。为了让画面不断发生变化，吸引观者继续观看，一般两句话左右就要切换一个画面，如图7-31所示。

（3）为了让科普类视频能够让多数人看懂，也可以加入一些动画演示，让内容更亲民。受众数量增加后，自然也会有更多的人观看，如图7-32所示。

图7-29

图7-30

图7-31

图7-32

7.10　文字类视频后期剪辑的5个关键点

文字类视频除了文字内容，其余所有画面效果均是靠后期剪辑呈现的。此种视频的优势在于制作成本比较低，不需要实拍画面，只需把要讲的内容通过动态文字的方式表现出来就可以了。其中"自媒体提升课"是采用此种形式，在抖音上比较火爆的博主之一，如图7-33所示。

流量变现方式：广告植入和商品橱窗卖货。

文字类视频的后期剪辑思路主要有以下5点。

（1）为了让文字视频更生动，并吸引观者一直看下去，文字的大小和色彩均要有所变化。在后期排版时，不求整齐，只求多变，如图7-34所示。

（2）使用剪映制作此类视频时，通常需要在"素材库"中选择"黑场"或"白场"，也就是选择视频的背景颜色，如图7-35所示。

（3）由于在建立"黑场"或"白场"后，其默认为横屏显示，所以需要手动设置比例为9：16后，再旋转一下，形成如图7-36所示的竖屏画面，方便在抖音、快手等平台展示。

（4）在利用文本工具输入大小、色彩不同的文字后，记得为每段文字添加动画效果，让文字视频更具观赏性，如图7-37所示。

（5）文字的出现频率要与背景音乐（BGM）的节奏一致，利用剪映的"踩点"功能即可确定每段文字的出现时间。

图7-33

图7-34

图7-35

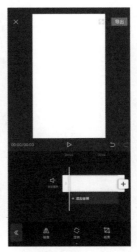

图7-36

图7-37

7.11　宠物类视频后期剪辑的3个关键点

　　抖音和快手中的宠物类视频主要分为两类。一类是表现经过训练后的狗狗的听话懂事、通人性。抖音博主"金毛～路虎"正是靠此类视频爆红的，如图7-38所示。

　　另外一类则是记录它们萌萌的，或有趣的一刻，其中抖音博主"汤圆和五月"的流量较高。

　　流量变现方式：售卖宠物相关用品。

　　宠物类视频的后期剪辑思路主要有以下3点。

　　（1）将宠物拟人化是宠物视频中常用的方法，所以通过后期加入一些文字，配合其动作，来表现出宠物好像能听懂人话的感觉，如图7-39所示。

　　（2）对于一些表现宠物搞笑的视频，还可以利用文字来指明画面的重点，例如图7-40所示中展示的猫咪的小短腿。另外，选一个"可爱"些的字体，可以令画面显得更萌。

　　（3）对于猫咪一些习惯性动作，可以发挥想象力，给予其另外一种解释。例如猫咪"踩奶"的行为，其实来源于幼年喝奶时，通过爪子来回抓按母猫乳房可以刺激乳汁分泌，让幼猫喝到更多的奶水。而在长大后，这种习惯依旧被保留下来了，用来表现其心情愉悦、有安全感。而将"踩奶"行为描述为"按摩"，则可以令宠物视频更生动，如图7-41所示。

图7-38

图7-39

图7-40

图7-41

第**8**章

火爆抖音的后期效果
实操案例

8.1　四分屏开场效果

在本例中，将制作出动感四分屏效果，也就是一个画面中同时出现 4 部分内容。该效果非常适合在视频开头使用，从而让观者对视频整体内容有大概的了解。本例中将使用剪映的画中画、关键帧、动画、特效以及裁剪等工具。

1.调整画面的布局及轨道位置

既然要制作四分屏效果，势必需要仔细调整各画面的大小和位置，从而使其在视频中同一时间出现。另外，该效果不同画面的出现依然与音乐节拍匹配，所以同样需要进行"卡点"操作，具体的操作方法如下。

❶ 导入两张图片素材，其中第二张图片素材应为"四分屏"画面之一，如图 8-1 所示。

❷ 点击界面下方的"比例"按钮，并设置为 16:9，如图 8-2 所示。

❸ 将第一张图片素材放大，使其填充整个画面。在放大画面的同时，还要注意构图的美感，如图 8-3 所示。

图8-1

图8-2

图8-3

❹ 依次点击界面下方的"音频"和"音乐"按钮，选择"酷炫"分类下 *Give it to me like* 作为背景音乐，如图 8-4 所示。

❺ 选中音频轨道，点击界面下方的"踩点"按钮，开启左下角的"自动踩点"功能，并选择"踩节拍 Ⅱ"，如图 8-5 所示。之所以选择"踩节拍 Ⅱ"，是因为该背景音乐适合制作画面变化频率比较高的视频。

❻ 选中第一个素材片段，将其结尾对齐第三个节拍点（跨过一个节拍点），如图 8-6 所示。之所以没有将结尾对齐第二个节拍点，是希望开场第一个画面的持续时间稍微长一些，避免给人一种匆忙开场的感觉。

图8-4   图8-5   图8-6

⑦ 由于第二个素材片段是为四分屏画面做铺垫，所以不需要持续太长时间，将其对齐下一节拍点，也就是第四个节拍点即可，如图 8-7 所示。

⑧ 选中第二个素材片段，点击界面下方的"复制"按钮，如图 8-8 所示。由于前文已经提到，第二个素材同样也是四分屏画面之一，所以它还需要在四分屏画面中显示，故在此处进行复制。

⑨ 四分屏画面作为本例的亮点，需要显示较长时间，故让其对应 4 个节拍点的时长，如图 8-9 所示。

图8-7   图8-8   图8-9

⑩ 依次点击界面下方的"画中画"和"新增画中画"按钮，将四分屏中的第二个画面导入剪映，如图 8-10 所示。

⑪ 直接点击界面下方的"新增画中画"按钮，将四分屏中的另外两个画面素材也导入剪映。完成导入后，剪映中会出现 3 条画中画轨道，加上主视频轨道的画面，正好 4 个画面，如图 8-11 所示。

⑫ 选中主视频轨道中，四分屏画面之一的素材片段，点击界面下方的"编辑"按钮，如图 8-12 所示。

图8-10

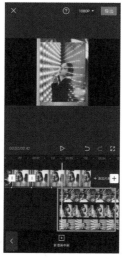

图8-11

图8-12

⑬ 点击界面下方的"裁剪"按钮，如图 8-13 所示。

⑭ 选择裁剪比例为 5.8"，并调整裁剪框大小和图片位置，确保构图依然具有一定的美感，如图 8-14 所示。

⑮ 采用相同的方法，将 3 个位于画中画轨道的画面同样裁剪为 5.8"，并调整其大小和位置，使其均匀排列在画面中，如图 8-15 所示。

图8-13

图8-14

图8-15

⑯ 将 3 个画中画轨道中的素材片段与主视频轨道中，四分屏画面之一的素材片段首尾对齐，如图 8-16 所示。

⑰ 当四分屏效果统一展示过 4 段素材后，还需要单独进行展示，所以点击界面右侧的 ⊞ 图标，再次将 4 段素材导入剪映，如图 8-17 所示。

⑱ 选中导入的素材片段并拖动其"白框"，将各片段结尾对齐节拍点，并且每个片段都跨过一个节拍点，如图 8-18 所示。

图8-16

图8-17

图8-18

提示

在确定单独表现各个画面的顺序时，为了让整个视频的逻辑感更强，建议按照四分屏从左到右的顺序依次展示各个片段，或者按照从右到左的顺序进行依次展示。在本例中，根据四分屏从右到左的顺序单独展示。之所以选择"从右到左"，是因为考虑到左侧第一个画面已经出现了两次，如果在单独展示时又第一个出现，可能会让观者感觉到素材的重复。

2.添加特效和动画让视频更酷炫

虽然四分屏的形式已经呈现，但效果却十分一般。所以，接下来要通过动画和特效来让视频效果更酷炫，具体的操作方法如下。

❶ 选中整个案例的第一段素材，并点击界面下方的"动画"按钮，如图 8-19 所示。

❷ 选择"入场动画"分类下的"放大"效果，并将"动画时长"滑块拖至最右侧，如图 8-20 所示。

❸ 点击界面下方的"特效"按钮，选择"综艺"分类下的"冲刺 Ⅲ"效果，如图 8-21 所示。

❹ 将该特效与主视频轨道中的一个素材片段首尾对齐，如图 8-22 所示。

图8-19　　　　　　　　　图8-20　　　　　　　　　图8-21　　　　　　　　　图8-22

⑤ 选中第二个素材片段，依次点击界面下方的"编辑"和"裁剪"按钮，并将比例设置为 5.8"。然后点击界面下方的"动画"按钮，为其添加"入场动画"中的"向下滑动"效果，"动画时长"设置为 0.4s，使其"滑动"速度快一些，如图 8-23 所示。

⑥ 点击界面下方的"新增特效"按钮，添加"动感"分类下的"色差放大"效果，并将其两端与第二个素材片段两端对齐，如图 8-24 所示。

⑦ 选中主视频轨道中，四分屏画面之一的片段，点击界面下方的"动画"按钮，为其添加"入场动画"分类下的"动感放大"效果，并将"动画时长"设置为 1s，如图 8-25 所示。

图8-23　　　　　　　　　　　图8-24　　　　　　　　　　　图8-25

⑧ 在不选中任何轨道的情况下，主轨道上方会出现"画中画轨道"图标，如图 8-26 所示。点击该图标后，即可选中画中画轨道。或者点击界面下方的"画中画"按钮，也可以对画中画轨道素材进行编辑。

⑨ 依次选中 3 条画中画轨道，并点击界面下方的"动画"按钮，统一添加"入场动画"分类下的"动感放大"效果，并将时长设置为 1s。当四分屏中的 4 个画面均添加了相同的动画后，效果如图 8-27 所示。

⑩ 点击界面下方的"特效"按钮，添加"边框"分类下的"荧光边框"效果，如图 8-28 所示。

图8-26

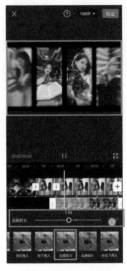

图8-27

图8-28

⑪ 将该特效的起始位置与主视频轨道中，四分屏之一的素材片段对齐，如图 8-29 所示。但此时只有该素材有边框效果，其余 3 个画中画轨道中的素材都没有边框效果。

⑫ 点击"新增特效"按钮，再次添加"边框"分类下的"荧光边框"效果。将该特效与上一特效对齐。选中特效，点击界面下方的"作用对象"按钮，如图 8-30 所示。

图8-29

图8-30

⑬ 目前主视频轨道中的四分屏画面已经有了边框，所以选择画中画轨道中的一个画面作为"作用对象"，从而为其添加边框，如图 8-31 所示。

⑭ 采用相同的方法，再添加两次该边框特效，并点击界面下方的"作用对象"按钮，为剩余的两个画面添加边框。至此，四分屏画面中的每个画面就都有边框效果，如图 8-32 所示。

图8-31　　　　　　　　　　　图8-32

3.利用关键帧让静态画面动起来

四分屏效果做好后，开始制作后半部分每段素材单独展示的画面。为了让画面不单调，所以通过关键帧让静态图片动起来，具体的操作方法如下。

❶ 保持图片导入剪映后的初始状态，将时间轴移至该素材的起始位置，点击◇图标添加关键帧，如图 8-33 所示。

❷ 将时间轴移至该素材的中央节拍点，然后放大图片至填充整个画面，并调整构图。此时剪映会自动在时间轴所在位置创建一个关键帧，从而实现静态图片逐渐放大的动态效果，如图 8-34 所示。

❸ 点击界面下方的"新增特效"按钮，选择"动感"分类下"心跳"效果，如图 8-35 所示。

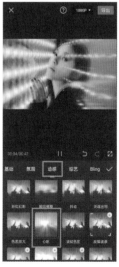

图8-33　　　　　　　　　图8-34　　　　　　　　　图8-35

❹ 将"心跳"特效的开头与该片段中间节拍点对齐，结尾与该片段结尾对齐，如图 8-36 所示。

❺ 采用相同的方法，将后面一个片段也通过添加关键帧的方法让画面动起来，并添加"动感"分类下的"抖动"特效，如图 8-37 所示，特效位置依然与中间节拍点和素材结尾对齐。

❻ 由于前两个画面的动态效果均是通过关键帧实现的，为了不让效果雷同，所以此处通过"动画"效果让画面动起来。先放大图片，使其填充整个画面，然后点击界面下方的"动画"按钮，如图 8-38 所示。

图8-36

图8-37

图8-38

❼ 添加"入场动画"分类下的"向下甩入"效果，并调整"动画时长"，使动画效果的结束位置与中间节拍点对齐，如图 8-39 所示。

❽ 点击界面下方的"特效"按钮，选择"动感"分类下"RGB描边"效果，并将特效与中间节拍点和该素材结尾位置对齐，如图 8-40 所示。

❾ 采用同样的方法，为最后一个素材片段添加"入场动画"中的"轻微抖动Ⅲ"效果和"动感"分类下的"紫色负片"特效，完成本例的制作。

图8-39

图8-40

8.2 冲击波扩散效果

冲击波扩散效果的核心是将冲击波素材与视频素材组合，并营造画面随冲击波扩散形成从无色到有色的效果。由于"冲击波"动画本身具备一定的视觉冲击力，再加上色彩的对比以及各种特效的渲染，可以让视频具有一定的爆发力。本例主要使用剪映中的"混合模式""蒙版""关键帧"以及"画中画"等功能完成。

1.根据节拍点确定片段位置和时长

为了让视频的节奏感更强烈，无论是冲击波出现的时间点，还是切换到下一个视频片段的时间点，都应该与音乐节拍点匹配。所以，确定音乐并标出节拍点，也就确定了各视频片段的位置和时长，具体的操作方法如下。

❶ 将准备好的视频素材导入剪映，点击界面下方的"音频"按钮，如图8-41所示。

❷ 点击界面下方的"音乐"按钮，选择"卡点"分类下的NOW DO it作为背景音乐，如图8-42所示。

❸ 长按并拖动音频轨道至最左侧，然后选中该轨道，点击界面下方的"踩点"按钮，开启左下角的"自动踩点"功能开关，选择"踩节拍Ⅰ"，如图8-43所示。

图8-41

图8-42

图8-43

❹ 通过试听背景音乐发现，这首歌的节拍点是"轻节拍"与"重节拍"交替出现的。所以此处让"轻节拍"作为变化画面的节拍点，让"重节拍"作为出现冲击波效果的节拍点。由于这段背景音乐的第一个节拍点是重节拍点，而冲击波效果又不能在画面一开始就出现，所以需要将音乐开头裁剪。将时间轴移至第二个节拍点偏右一点的位置，点击界面下方的"分割"按钮，并选中前半段将其删除，如图8-44所示。

⑤ 删除开头一小段背景音乐后，其第一个节拍点为"重节拍"，需要添加冲击波效果。而第二个节拍点为"轻节拍"，将作为切换素材的节拍点。故选中第一段视频素材，拖动其右侧白色"边框"，使其与第二个节拍点对齐，从而确定该视频片段的长度和位置，如图 8-45 所示。

⑥ 以此类推，选中第二个视频片段，将其结尾对准第四个节拍点。因为第三个节拍点是"重节拍"，将用来添加冲击波效果，而第四个节拍点为轻节拍，将作为切换素材的节拍点，如图 8-46 所示。

图8-44

图8-45

图8-46

⑦ 采用相同的方法，将第三个和第四个片段的起始位置也确定好，如图 8-47 所示。

⑧ 由于最后一个片段播放之后，这个视频就结束了。为了不让其结束得过于匆忙，所以将最后一个片段延长一个节拍点。至此，整个视频的时长就确定了，再将背景音乐缩短至与视频结尾对齐，或者稍微短一点，避免出现结尾黑屏的现象，如图 8-48 所示。

图8-47

图8-48

2.合成冲击波并营造变色效果

接下来让冲击波在对应的节拍点处出现，并实现画面变色效果，具体的操作方法如下。

❶ 选中第一个视频片段，点击界面下方的"复制"按钮，如图 8-49 所示。

❷ 选中复制得到的片段，点击界面下方的"切画中画"按钮，如图 8-50 所示。如果此时"切画中画"按钮是灰色的，则不要选中任何片段，点击界面下方的"画中画"按钮，再选中复制得到的片段，此时"切画中画"按钮就可以正常使用了。

❸ 长按画中画轨道中的素材，将其与主视频轨道中第一个素材片段首尾对齐，如图 8-51 所示。

图8-49

图8-50

图8-51

❹ 选中主视频轨道中第一段素材，点击界面下方的"滤镜"按钮，如图 8-52 所示。

❺ 为其添加"风格化"分类下"牛皮纸"效果，如图 8-53 所示。虽然此时画面依然是彩色的，但在添加蒙版后就会出现黑白效果。

图8-52

图8-53

⑥ 重复步骤 1~5 的操作，复制每一个视频片段，并将其切到画中画轨道，与对应的主视频轨道对齐，处理完成后的轨道如图 8-54 所示，再为主视频轨道素材添加"牛皮纸"滤镜。

⑦ 将时间轴移至第一个视频片段中间的节拍点（重节拍点），也就是冲击波效果出现的节拍点，点击界面下方的"新增画中画"按钮，如图 8-55 所示。

⑧ 将准备好的冲击波效果添加至剪映，并调整其大小，使其充满整个画面，随后点击界面下方的"混合模式"按钮，如图 8-56 所示。

图8-54

图8-55

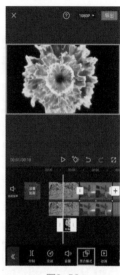
图8-56

⑨ 选择"滤色"模式，冲击波效果就与素材画面完美融合了，如图 8-57 所示。

⑩ 选中第一个视频片段对应的画中画轨道层，点击界面下方的"蒙版"按钮，如图 8-58 所示。

⑪ 选择"圆形"蒙版，并将圆形蒙版移至冲击波的中心，然后将其缩小到最小范围，此时画面的黑白效果就显示出来了，如图 8-59 所示。

图8-57

图8-58

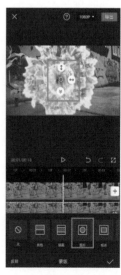
图8-59

⑫ 将时间轴移至冲击波效果的起始位置，点击 ◇ 图标，添加一个关键帧，如图 8-60 所示。

⑬ 向右稍稍移动时间轴，让冲击波扩散到整个画面，并点击界面下方的"蒙版"按钮，如图 8-61 所示。

⑭ 将画面中的蒙版放大，直到覆盖整个画面，从而恢复其色彩，如图 8-62 所示。此时，剪映会在时间轴所在位置自动创建一个关键帧。这样就形成了随冲击波效果，画面从无色到有色的转变。

⑮ 重复步骤 7~14 的操作，为之后的 3 个视频片段都添加冲击波效果，并利用"蒙版"和"关键帧"实现色彩变化。值得一提的是，为了让每个素材片段与冲击波融合得更自然，此处特意选择了与视频具有相近色彩的冲击波，如图 8-63 所示。

图8-60

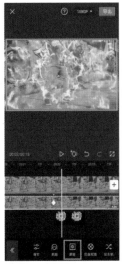
图8-61

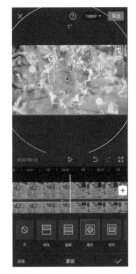
图8-62

图8-63

> **提示**
>
> 在通过关键帧实现蒙版范围逐渐扩大并染色的效果时，有可能圆形蒙版清晰的边缘会影响画面美感，建议在扩大蒙版范围时，拖动 ◌ 图标，稍微增加一些羽化效果。

3.添加特效增强视觉冲击力

在为每段素材添加冲击波效果之后再添加一些特效，可以让视频更具视觉冲击力，具体的操作方法如下。

❶ 点击界面下方的"特效"按钮，添加"动感"分类下的"幻彩故障"效果，如图 8-64 所示。

❷ 移动时间轴至第一段视频素材中，冲击波效果刚刚结束的位置。拖动特效，将其移至时间轴所在位置，其结尾与第一段视频素材结尾对齐即可，如图 8-65 所示。

❸ 选中特效，点击界面下方的"作用对象"按钮，并选择"全局"，从而让特效在画面中能够显示出来，如图 8-66 所示。

图8-64

图8-65

图8-66

❹ 采用相同的方法，分别为第二段、第三段、第四段视频素材添加"动感"分类下的"人鱼滤镜"特效、"幻术摇摆"特效和"抖动"特效，如图 8-67~ 图 8-69 所示，并分别将其首尾与对应视频片段中，冲击波刚消失的位置和片段结束位置对齐。另外，别忘了设置"作用对象"为"全局"。

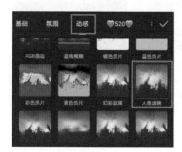

图8-67

图8-68

图8-69

❺ 在结尾处添加"基础"分类下的"全剧终"特效，如图 8-70 所示。再选中音频轨道，点击界面下方的"淡化"按钮，将"淡出时长"值设置为 1s，如图 8-71 所示。从而让视频的结束更自然，不突兀。

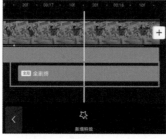

图8-70

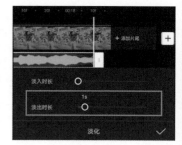

图8-71

8.3 水墨古韵效果

由于"水墨"效果具有强烈的中国特色，并且容易表现出古韵风格，所以很适合制作与中国文化相关的视频时使用。本例不但包含"水墨"效果，还包含"卷轴开场"效果，从而令画面更有韵味。在后期剪辑过程中需要使用画中画、色度抠图、关键帧等功能。

1.根据音乐节拍点确定各段素材的时长及位置

虽然本例视频节奏较慢，但依旧选择在节拍点处进行转场，从而保持较好的节奏感，具体的操作方法如下。

❶ 根据预先确定好的顺序导入素材，如图 8-72 所示。

❷ 依次点击界面下方的"音频"和"音乐"按钮，选择"古风"分类下《秦时明月 - 飞雪玉花》作为背景音乐，如图 8-73 所示。

❸ 选中音频轨道，点击界面下方的"踩点"按钮，开启左下角"自动踩点"功能开关，并选择"踩节拍Ⅰ"，如图 8-74 所示。

图8-72

图8-73

图8-74

❹ 由于第一个视频片段将承担"开场"的任务，所以在之后会增加标题、动态卷轴等元素。因此需要让其持续时间长一些，故将结尾与第二个节拍点对齐，如图 8-75 所示。

❺ 之后的 3 个视频片段，将其结尾均与下一个节拍点对齐，如图 8-76 所示。

❻ 各个视频片段的时长及位置确定后，整段视频的时长也就确定了，故将音乐结尾与视频结尾对齐。将时间轴移至视频末尾，选择音频轨道，点击"分割"按钮，然后选择后半段，点击"删除"按钮即可，如图 8-77 所示。

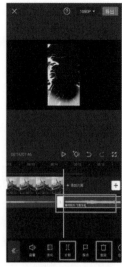

| 图8-75 | 图8-76 | 图8-77 |

2.制作卷轴开场效果

下面将利用绿幕素材制作卷轴开场效果，并配上具有古韵的文字，让画面充满文化感，具体的操作方法如下。

❶ 在不选中任何素材的情况下，依次点击界面下方"画中画"和"新增画中画"按钮，添加卷轴绿幕素材，如图 8-78 所示。

❷ 选中卷轴素材，放大至填充整个画面，如图 8-79 所示。

❸ 由于卷轴素材的时长比第一个片段的时长短，所以需要延长卷轴素材的持续时间。故选中卷轴素材，点击界面下方的"变速"按钮，如图 8-80 所示。

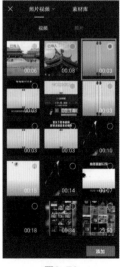

| 图8-78 | 图8-79 | 图8-80 |

④ 选择"常规变速"，并适当降低其速度，直到时长超过第一段视频素材。在本例中，将速度降低至 0.7x 后，卷轴素材的时长超过片段时长，如图 8-81 所示。

⑤ 选中该卷轴素材，拖动右侧白色"边框"，将其与第一段视频末尾对齐，如图 8-82 所示。

⑥ 依旧选中卷轴素材，点击界面下方的"色度抠图"选项，将"取色器"移至绿色区域，如图 8-83 所示。

图8-81

图8-82

图8-83

⑦ 点击界面下方的"强度"按钮，并拖曳滑块至 15，让画面中还有少量"绿边"，如图 8-84 所示。之所以没有直接设置较高的强度数值，是因为即便将其设置为 100，依然无法完全消除"绿边"。

⑧ 将卷轴素材放大，使"绿边"更明显，再次点击"色度抠图"按钮，并仔细调节取色器位置，使画面中的"绿边"变细，并且不会出现额外的大面积绿色，如图 8-85 所示。

图8-84

图8-85

⑨ 点击界面下方的"强度"按钮，此次拖曳滑块至 91，即可完全消除"绿边"，如图 8-86 所示。

⑩ 选中卷轴素材，将其缩小至刚好填充整个画面，从而实现卷轴逐渐展开，画面逐渐出现的效果，如图 8-87 所示。

⑪ 依次点击界面下方的"文字"和"文字模板"按钮，选择"标题"分类下"人间烟火"模板，如图 8-88 所示。

图8-86 图8-87 图8-88

⑫ 点击预览界面中的文字，调整其大小和位置，如图 8-89 所示。

⑬ 将"人间烟火"这 4 个字修改为"中国古建"。此处只能逐字修改。点击预览界面中的"人"字，在文字框中输入"中"字，如图 8-90 所示。

⑭ 需要注意的是，修改文字后，该文字不会即时在画面中显示。当 4 个文字都修改完毕后，移动时间轴至文字轨道之外，再移动回来，修改后的文字就会显示在画面中了，如图 8-91 所示。

图8-89 图8-90 图8-91

⑮ 移动时间轴并观察预览画面，让文字轨道的起点与卷轴打开到能完整显示标题的时间点对齐，将其结尾与第一段视频片段的结尾对齐，如图 8-92 所示。

⑯ 移动时间轴至卷轴完全打开并再往右一点的位置，点击 图标，添加关键帧，如图 8-93 所示。

⑰ 将时间轴继续向右移动，移至与第一个视频片段结尾差 1s 左右的位置，选中卷轴素材，将其放

大，直至从画面中完全消失。此时，剪映会自动在时间轴所在位置创建一个关键帧，如图8-94所示。这样就可以实现让卷轴在完全打开后，逐渐放大到消失的效果，从而与之后画面的衔接更为顺畅。

| 图8-92 | 图8-93 | 图8-94 |

3.制作水墨效果

接下来为后面的3段视频素材制作水墨效果，具体的操作方法如下。

❶ 依次点击界面下方的"画中画"和"新增画中画"按钮，添加水墨素材至画中画轨道，如图8-95所示。

❷ 由于此素材自带的音乐会与我们自己选择的背景音乐冲突，故选中该素材后，点击界面下方"音量"按钮，将其设置为0，如图8-96所示。

❸ 将水墨素材与第二个视频片段首尾对齐，并调整该素材大小，使其充满整个画面，然后点击界面下方的"混合模式"按钮，如图8-97所示。

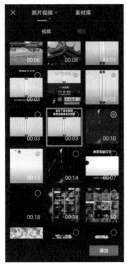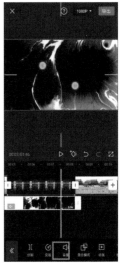

| 图8-95 | 图8-96 | 图8-97 |

❹ 选择"滤色"模式，让水墨素材与画面自然融合，如图 8-98 所示。

❺ 为了让画面效果更丰富，点击界面下方的"新增画中画"按钮，选择不同的水墨素材添加至剪映。但由于该素材是竖幅的，故在选中该素材后，点击界面下方的"编辑"按钮，如图 8-99 所示。

❻ 点击界面下方的"旋转"按钮，即可将该素材旋转为横画幅。将该素材放大，使其填充整个画面，如图 8-100 所示。

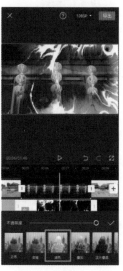

图8-98

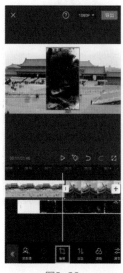

图8-99

图8-100

❼ 由于该素材中包含了多个水墨效果，所以需要将其中一个效果裁剪出来。此处使用该素材中第一个水墨效果，故移动时间轴至该水墨效果马上结束的位置，点击界面下方的"分割"按钮，然后选中后半段并将其删除，再将素材的开头与该片段开头对齐，如图8-101 所示。

❽ 将水墨素材裁剪出来后，发现该效果的时长依然短于对应片段的时长。所以选中该素材，点击界面下方的"变速"按钮，选择"常规变速"，并将速度降低为 0.8x，使水墨素材完整覆盖视频片段，如图8-102 所示。

图8-101

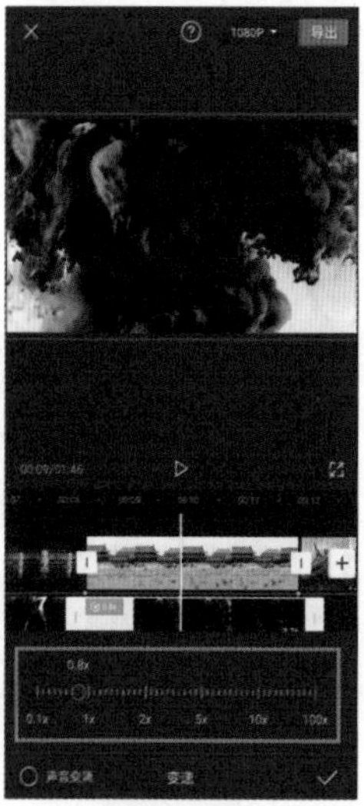

图8-102

⑨ 将水墨素材末尾与对应的视频片段末尾对齐，如图 8-103 所示。别忘了点击"混合模式"按钮，并将其设置为"滤色"。

⑩ 采用相同的方法，再次将具有多个水墨效果的素材导入剪映，然后从中截取出一段，通过"变速"使其完整覆盖第四个视频片段，并将其首尾与视频片段对齐，如图 8-104 所示。

⑪ 选中水墨素材，点击界面下方的"混合模式"按钮，选择"滤色"模式，完成本例的制作，如图 8-105 所示。

图8-103

图8-104

图8-105

8.4 视频轮流播放效果

如果想将多段视频素材在同一个画面中展示，就可以采用本例的方法，让视频素材轮流播放，并伴随着有色、无色和"动静对比"，以突出正在播放的片段。在本例中，将使用画中画、定格、滤镜等功能，并在剪辑过程中对同一视频素材进行多次分割，从而实现在轮流播放时的画面变化。

1.制作三屏轮流播放

为了让一个画面中可以同时出现 3 段视频素材，需要将这 3 个画面进行排版、布局。在本例中，3 个画面将从上至下依次排列，具体的操作方法如下。

❶ 点击"开始创作"按钮，选择右上角"素材库"中的"白场"并导入剪映，如图 8-106 所示。

❷ 点击界面下方的"比例"按钮，将其调整为 9:16，如图 8-107 所示。

❸ 依次点击界面下方的"画中画"和"新增画中画"按钮，再次添加一个白场素材。接下来重复该操作，添加第三个"白场"，如图 8-108 所示。

图8-106

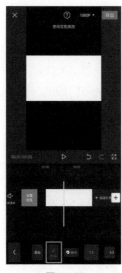

图8-107

图8-108

❹ 在视频轨道中依次选中不同的白场并调整其位置，使这3个白场均匀分布在画面中，如图8-109所示。这样做的目的是在接下来对视频素材排版时，可以直接调整至其应该出现的位置。

❺ 点击界面下方的"新增画中画"按钮，将第一段视频素材添加至剪映，然后调整大小和位置，使其覆盖上方的"白场"，如图8-110所示。

❻ 点击"新增画中画"按钮，将第二段视频素材添加至剪映。由于该素材的比例不是16:9的，所以无法将其正好覆盖"白场"。故在选中该素材后，点击界面下方的"编辑"按钮，如图8-111所示。

图8-109

图8-110

图8-111

❼ 点击右下角的"裁剪"按钮，调整比例为16:9，并调整裁剪位置，保证构图美观即可，如图8-112所示。

⑧ 此时即可将第二个视频片段覆盖中间的"白场"，长按该视频轨道将其拖至最左侧，如图 8-113 所示。

⑨ 采用同样的方法，点击界面下方的"画中画"和"新增画中画"按钮，将第三个视频片段导入剪映，并覆盖最下方的白场，如图 8-114 所示。

⑩ 由于第三段视频素材的开头部分几乎是静止的，这对于表现播放效果十分不利，故将其开头部分分割并删除，从而保留画面有明显运镜的部分，如图 8-115 所示。

图8-112　　　　　　　图8-113　　　　　　　图8-114　　　　　　　图8-115

2.制作轮流播放效果

下面为视频添加背景音乐，并随着音乐的节奏，让一个画面中的 3 段视频依次播放，具体的操作方法如下。

❶ 依次点击界面下方的"音频"和"音乐"按钮，添加"动感"分类下的 Adventures 作为背景音乐，如图 8-116 所示。

❷ 由于该音乐的开头部分比较平淡，将时间轴移至平淡前奏结束的位置，点击界面下方的"分割"按钮，然后选中前半段并将其删除，如图 8-117 所示。

❸ 长按音频轨道将其拖至最左侧，然后选中该轨道，点击界面下方的"踩点"按钮，开启左下角的"自动踩点"功能开关，选择"踩节拍Ⅰ"，如图 8-118 所示。

❹ 即便选择"踩节拍Ⅰ"，其节拍点依旧有些密集，并不适合本例节奏偏慢的"轮流播放"效果，故每隔一个节拍点删除一个，如图 8-119 所示即为删除的第一个节拍点。将时间轴移至节拍点处，点击界面下方的"删除点"按钮即可。

❺ 由于节拍点的作用是确定 3 段视频播放的时间，故采用上一步方法删除 3 个节拍点，如图 8-120 所示。

❻ 在本例中，视频一开始只有最上方的画面是动态的，中间和底部的画面都是静止的。故将时间轴移动起始位置，先选中中间的视频片段（第二段视频素材），点击界面下方的"定格"按钮，如图 8-121 所示。

图8-116

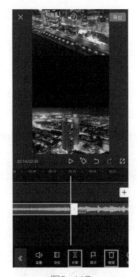

图8-117

图8-118

图8-119

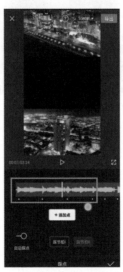

图8-120

图8-121

❼ 选中定格画面,将其结尾与如图 8-122 所示中第二个节拍点对齐,并让第二段视频素材与定格画面衔接,从而实现第二个节拍点出现后,中间画面开始播放的效果。

❽ 由于从第二个节拍点开始,当中间的画面动起来时,上方的画面应该静止不动。故将时间轴对准第二个节拍点,并选择第一段视频素材,点击界面下方的"定格"按钮,如图 8-123 所示。

❾ 第一段视频在第二个节拍点定格后,一直到第四个节拍点应该都是静止的,故将其结尾与第四个节拍点对齐,如图 8-124 所示。

图8-122

图8-123

图8-124

⑩ 第二段视频素材，也就是中间画面动起来后，应该在第三个节拍点处再次处于定格状态。故将时间轴移至第三个节拍点，选中第二段视频素材，点击"定格"按钮，如图 8-125 所示。

⑪ 而该定格画面持续至第四个节拍点就可以了。因为第四个节拍点后，画面中的 3 段视频都将进行播放，故将第二段视频刚刚定格的画面结尾与第四个节拍点对齐，如图 8-126 所示。

图8-125

图8-126

⑫ 确定第三个视频片段在各个节拍点处的效果。第三段视频从开始就是静止的，并且在第三个节拍点处应该动起来。故选中第三段视频，将时间轴移至起始位置，点击界面下方的"定格"按钮，如图8-127所示。

⑬ 将定格画面的结尾与第三个节拍点对齐，并将后半段运动画面与定格画面衔接，如图8-128所示。

⑭ 至此，3段视频素材轮流播放的效果就制作完成了。接下来将时间轴移至需要结束整个视频的时间点，分别选中三条视频轨道以及一条音频轨道，并点击"分割"按钮，选中后半段删除即可。注意：务必在分割和删除操作时，保证时间轴的位置始终不变，这样才能让所有画面和音乐在同一时间结束，如图8-129所示。

 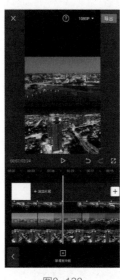 

图8-127 图8-128 图8-129

3.营造色彩变化让画面动静对比更明显

通过"步骤二"，已经制作出了3个画面依次开始播放的效果。但是否播放只能通过画面的动静状态来判断，在视觉上不够突出，故以增加色彩变化，强化轮流播放的效果，具体的操作方法如下。

❶ 选中第二段视频素材开头部分的定格画面，并点击界面下方的"滤镜"按钮，如图8-130所示。

❷ 添加"风格化"分类下的"默片"效果，从而消除定格画面的色彩，如图8-131所示。

❸ 再选中第3段视频素材开头部分的定格画面，点击界面下方"滤镜"选项，如图8-132所示。

❹ 同样添加"风格化"中的"默片"效果，使第二段视频素材和第三段视频素材均为黑白效果，如图8-133所示。

❺ 为了让视频更精彩，在3个画面均开始播放时添加"动感"分类下的"心跳"特效。选中该特效，点击界面下方的"作用对象"按钮，并将其设置为"全局"，如图8-134所示。

❻ 调整特效的位置和长度，使其在第四个节拍点处只"跳动"一下即可，如图8-135所示。

图8-130

图8-131

图8-132

图8-133

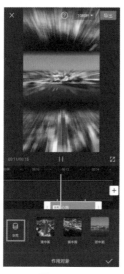

图8-134

图8-135

8.5　破碎消散效果

　　本例将通过绿幕素材制作"破碎消散"转场效果，从而营造柔美、浪漫的画面风格。为了让整个视频的风格统一，并且画面内容与"破碎消散"效果相关，所以特意选择了一首与"风"相关的背景音乐，从而让"破碎消散"效果去营造"吹落"的视觉感受。在制作过程中将使用到色度抠图、画中画、玩法、定格等功能。

1.制作"破碎消散"的前半段效果

"破碎消散"效果的素材是由绿色与蓝色两个区域构成，并且通过该效果会将两个画面自然衔接在一起。所以在"步骤一"，先将前半段画面与"破碎消散"效果合成，具体的操作方法如下。

❶ 点击"开始创作"按钮，导入准备好的第一段素材，如图 8-136 所示。需要注意的是，由于之后会利用"色度抠图"功能抠掉蓝色和绿色区域，所以素材中最好不要含有蓝、绿两种颜色的元素。

❷ 由于"破碎消散"效果会衔接两个不同的画面，也就是起到转场的作用。而此处希望画面的转场是在音乐节拍点处进行的，故需要先添加背景音乐，并确定该节拍点。依次点击界面下方的"音频"和"音乐"按钮，添加"舒缓"分类下的《北风北》作为背景音乐，如图 8-137 所示。

❸ 因为只需要添加一个节拍点即可，所以此处手动添加节拍点。在背景音乐的第一句歌词结束后，会出现一个重音，在该重音处点击界面下方的"添加点"按钮，如图 8-138 所示。

图8-136

图8-137

图8-138

❹ 将时间轴移至节拍点处，点击界面下方的"画中画"按钮，如图 8-139 所示。

❺ 点击"新增画中画"按钮，将"破碎消散"素材导入剪映，如图 8-140 所示。

❻ 将时间轴移至"破碎消散"素材有蓝色区域的部分，并放大该素材至填充整个画面，再点击界面下方的"色度抠图"按钮，如图 8-141 所示。

❼ 将取色器移至蓝色区域，然后点击界面下方的"强度"按钮，先将其设置为较低的数值，此处设置为 6，如图 8-142 所示。

❽ 放大素材画面，再次点击"色度抠图"按钮，慢慢移动取色器至蓝色边缘，从而尽量削减蓝边的面积，如图 8-143 所示。

❾ 点击"强度"按钮，增大该数值，直到蓝边几乎完全消失，此处调整为 10，如图 8-144 所示。

图8-139

图8-140

图8-141

图8-142

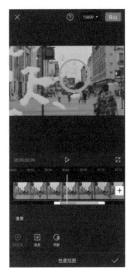

图8-143

图8-144

⑩ 点击界面下方的"阴影"按钮，适当增大该数值，使其边缘更平滑，此处设置为53，如图 8-145 所示。

⑪ 选中"破碎消散"素材，将素材画面缩小至刚好充满整个画面，如图 8-146 所示。

⑫ 将时间轴移至画面完全为绿色的区域，此处即为该段视频的结尾，并将主视频轨道与"破碎消散"素材轨道对齐，如图 8-147 所示。

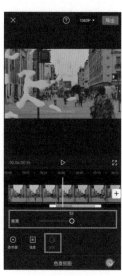

图8-145　　　　　　　　图8-146　　　　　　　　图8-147

⑬ 选中音频轨道，点击界面下方的"删除"按钮，如图8-148所示。之所以要删除该音乐，是因为该步骤无法确定最终音乐的时长，所以在接下来的操作中势必还要再添加一次背景音乐，两个背景音乐即便是相同的，也有可能影响后期剪辑，故直接在此步中将背景音乐删除。

⑭ 点击界面右上角的"导出"按钮，完成前半段破碎消散效果的制作。导出界面，如图8-149所示。

图8-148　　　　　　　　图8-149

2.制作破碎消散的后半段效果

经过"步骤一"的处理后，画面在消散后呈现绿色区域，接下来就要将绿色区域与第二段视频素材合成，具体的操作方法如下。

❶ 点击"开始创作"按钮，将准备好的第二段视频素材导入剪映，如图8-150所示。

❷ 依次点击界面下方的"画中画"和"新增画中画"按钮，将"步骤一"中处理好的视频导入剪映，并使其填充整个画面，如图8-151所示。

❸ 依次点击界面下方的"音频"和"音乐"按钮，再次选择"舒缓"分类下的《北风北》作为背景音乐，如图8-152所示。

图8-150　　　　　　　　　　图8-151　　　　　　　　　　图8-152

④ 选中音频轨道，点击界面下方的"踩点"按钮，再次标出"破碎消散"效果出现时的节拍点，如图 8-153 所示。

⑤ 将时间轴移至出现绿色区域的部分，点击界面下方的"色度抠图"按钮，移动取色器至绿色区域，并适当增大"强度"值，此处将其设置为 12，如图 8-154 所示。

⑥ 将"破碎消散"素材放大，再次点击"色度抠图"按钮，并仔细调节取色器位置，使"绿边"更细，然后将"强度"设置为 94，如图 8-155 所示。

⑦ 点击界面下方的"阴影"按钮，增大该数值至 74，让"碎片"边缘更平滑，如图 8-156 所示。

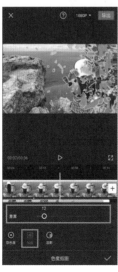

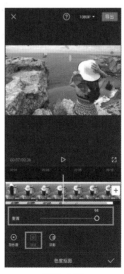

图8-153　　　　　　图8-154　　　　　　图8-155　　　　　　图8-156

⑧ 选中"画中画"轨道素材，再将其缩小至刚好填充整个画面，如图 8-157 所示。至此，"破碎消散"效果就实现了。但其消散后呈现的画面，也许并不是素材中最精彩或者我们想让其呈现的片段，因此依然要进行调整。

⑨ 在本例中，希望消散后的画面刚好是人物戴帽子的场景，因此，需要将时间轴移至"节拍点"前的任意位置，点击界面下方的"定格"按钮，如图 8-158 所示。这样操作可以让原本在节拍点之前的戴帽子画面向后移，并且通过调整定格画面的长度，实现在节拍点处正好开始戴帽子动作的效果。而因为节拍点之前的画面完全被画中画轨道素材遮挡，所以节拍点之前的主轨道画面完全不会显示在视频中。那么，只要定格画面的结尾不要处于节拍点的右侧就不会穿帮。

⑩ 选中定格画面，拖动其右侧边框，主要长度不要超过节拍点，并且让戴帽子的动作出现在"破碎消散"效果的绿色区域即可，如图 8-159 所示。

图8-157

图8-158

图8-159

3.营造漫画变身效果并添加特效

最后为视频营造漫画变身效果并添加特效丰富其看点，具体的操作方法如下。

① 选中音频轨道，点击界面下方的"踩点"按钮，手动标出变身漫画效果的节拍点，如图 8-160 所示。该节拍点位于第二句歌词后的一个重音。

② 将时间轴移至第二个节拍点处，点击界面右下角的"定格"按钮，如图 8-161 所示。

③ 选中定格画面，点击界面下方的"玩法"按钮，如图 8-162 所示。

④ 选择"潮漫"效果，如图 8-163 所示。

⑤ 选中定格后的画面，点击界面下方的"删除"按钮，如图 8-164 所示。

⑥ 通过试听背景音乐，确定视频结束的位置。将时间轴移至第三句歌词唱完后的时间点，并让主视频轨道素材、画中画轨道素材以及音乐均在此处结束，如图 8-165 所示。

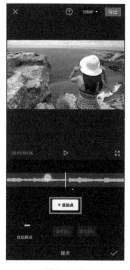

图8-160

图8-161

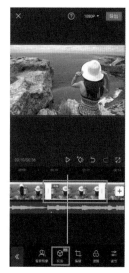

图8-162

图8-163

图8-164

图8-165

❼ 依次点击界面下方的"文字"和"识别歌词"按钮，让歌词出现在画面中，如图 8-166 所示。

❽ 调整字幕在画面中的位置、大小、字体、颜色等，增加画面美感。本例所选字体为"后现代细体"，并调节了不透明度、阴影等选项，如图 8-167 所示。

❾ 选中第一段字幕，将其结尾与第一个节拍点对齐。然后点击界面下方的"动画"按钮，分别添加"入场动画"分类下的"模糊"和"出场动画"分类下的"渐隐"效果，并适当增加动画时长，如图 8-168 所示。剩余的两段字幕按照相同的方法处理即可。

❿ 选中"破碎消散"效果中人物部分的片段，点击界面下方的"滤镜"按钮，添加"清新"分类下的"潘多拉"滤镜，如图 8-169 所示。

图8-166

图8-167

图8-168

⑪ 在视频开始处添加"基础"分类下的"模糊开幕"特效，并在选中该特效后，点击界面下方的"作用对象"按钮，将其设置为"全局"，如图 8-170 所示。

⑫ 点击人物动态画面与漫画画面之间的 ⏸ 图标，添加"基础转场"分类下的"叠加"效果，并将转场时长调至最长，如图 8-171 所示。添加转场效果后，视频时长会出现变化，所以需要重新选中漫画画面，将视频时长恢复到添加转场前的状态。

⑬ 最后再为漫画部分添加"光影"分类下的"彩虹光晕"特效，完成本例的制作。

图8-169

图8-170

图8-171

8.6　用剪映专业版制作故障文字片头

在了解剪映专业版的界面以及各个功能所在位置后，就可以开始对视频进行简单的后期剪辑了。下面将通过一个实例——制作故障文字片头，进一步掌握剪映专业版的操作方法。在本例中，将会为素材添加文字、音乐、音效、动画、特效等，让画面呈现"赛博朋克"风格。

1.确定文字内容并营造故障感

首先需要确定文字内容以及字体等，让其具备"赛博朋克"风格，具体的操作方法如下。

❶ 单击"开始创作"按钮进入剪映专业版界面后，单击工具栏中"媒体"按钮，选择"素材库"中的"黑场"。将鼠标悬停在黑场上方后，界面右下角会出现 ⊕ 图标，单击该图标，即可将"黑场"添加至时间线，如图 8-172 所示。

❷ 单击工具栏中"文本"按钮，单击"新建文本"按钮，并将鼠标悬停在"默认文本"上方，此时在其右下角依然会出现 ⊕ 图标，单击该图标，即可添加文字至画面，如图 8-173 所示。

图8-172

图8-173

❸ 选中时间线中的文本轨道，在界面右上角的细节调整区中单击"编辑"按钮，再单击"文本"按钮，即可输入文字。在本例中，输入"欢迎来到赛博朋克世界"，如图 8-174 所示。

❹ 选中刚输入的文字，按住鼠标左键拖动文字框 4 个边角处的白色圆点，即可调节文字大小，拖动文字框即可调节其位置。将文字调整至画面的中央，如图 8-175 所示。

图8-174

图8-175

⑤ 选中文本轨道，依旧是在细节调整区中，将"字体"设置为"新青年体"，如图 8-176 所示。

⑥ 为文字添加"描边"效果，并设置为蓝色，然后适当减小"粗细"值，更多地保留文字的棱角感，如图 8-177 所示。

⑦ 在细节调整区中继续为文字添加"阴影"效果，并设置为粉紫色，适当增大"距离"值，从而让阴影更明显，如图 8-178 所示。之所以将"描边"设置为蓝色，将"阴影"设置为紫色，是因为赛博朋克风格的色调特点就是蓝色和粉红色之间的碰撞。

图8-176

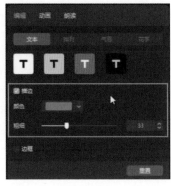
图8-177

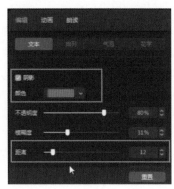
图8-178

⑧ 为了让文字排版看起来更有科技感，所以再添加一段 WELCOME TO CYBERPUNK WORLD 文字，字体设置为 Facon，如图 8-179 所示。

⑨ 将其移至中文的下方，并调整长度与中文相同。按照修饰中文相同的步骤，为其添加蓝色"描边"和粉紫色"阴影"，最终文字效果如图 8-180 所示。

图8-179

图8-180

⑩ 选中主视频轨道中的黑场素材，按住鼠标左键，拖动其右侧边框，将时长确定在 6s 左右。分别将中文文字轨道和英文文字轨道与黑场素材轨道首尾对齐，如图 8-181 所示。

图8-181

2.通过动画和特效营造故障感和科幻感

在文字样式确定后，即可开始添加动画和特效来营造故障感和科幻感了，具体的操作方法如下。

❶ 分别选中中文和英文文字轨道，单击"细节调整区"中"动画"按钮，添加"入场"分类下的"故障打字机"效果，并将动画时长设置为 2.0s，如图 8-182 所示。

❷ 接下来需要为文字添加特效。由于"特效"只能作用在视频轨道上，而不能单独作用在文字轨道上，如果此时添加特效，文字将不会出现任何变化。所以，需要先将该段文字视频导出，然后再将该段视频导入剪映专业版添加特效。故单击右上角的"导出"按钮，如图 8-183 所示。

图8-182

图8-183

❸ 退出剪映专业版处理界面，再次单击"开始创作"按钮，选择本地媒体，然后单击"导入素材"按钮，将刚制作好的文字视频导入。将鼠标悬停在文字视频素材上，点击 ⊕ 图标添加到时间线，如图 8-184 所示。

❹ 单击工具栏中的"特效"按钮，添加"动感"分类下"色差放大"效果，如图 8-185 所示。

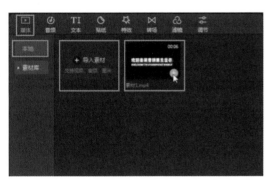

图8-184

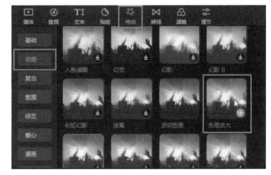

图8-185

❺ 只有一个特效依然无法充分表现文字的故障感和科技感，故又添加了两个特效，分别是"动感"分类下的"波纹色差"和"幻彩故障"。添加这 3 个特效后，将其开头拖至时间线的最左侧，时长控制在 3s 左右，如图 8-186 所示。

❻ 至此，就"单独"让文字实现了故障感和科幻感，如图 8-187 所示。单击界面右上角的"导出"按钮，将该段文字视频导出。

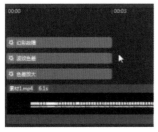

图8-186

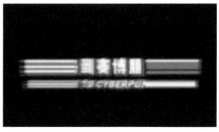

图8-187

提示

　　为何又要导出一次呢？原因在于，如果此时直接导入视频素材与文字合成，添加的所有特效不仅会作用在文字上，也会作用在背景画面上。而此处希望只让特效对"文字"有作用，而对背景画面没有作用，所以只能再次将该文字视频导出。

3.合成文字素材与视频素材

　　最后，将制作好的文字素材与视频素材合成，再配上合适的音乐，即完成故障文字片头的制作，具体的操作方法如下。

　　❶ 将视频素材与制作好的文字素材导入素材区后，将鼠标悬停在视频素材上，单击 图标，将其添加至时间线，如图 8-188 所示。

　　❷ 按住鼠标左键拖动文字素材，将其拖至视频轨道上方，然后释放鼠标左键，如图 8-189 所示。

图8-188　　　　　　　　　　　　　　　　　　　图8-189

　　❸ 选中文字素材，单击"细节调整区"的"画面"按钮，在"基础"分类下，找到"混合模式"选项，并将其设置为"滤色"，如图 8-190 所示。此时，文字素材的黑色背景消失，从而与背景素材很好地融合在一起。

　　❹ 单击工具栏中"音频"按钮，选择音乐素材中的"动感"分类，添加 Falling Down 作为背景音乐，如图 8-191 所示。

图8-190　　　　　　　　　　　　　　　　　　图8-191

⑤ 选中音频轨道，将时间轴移至刚出现歌词之前，然后单击 Ⅱ 图标进行分割，再选中分割出的前半段音频，单击 □ 图标删除，如图 8-192 所示。让背景音乐中明显的重音出现在视频时长范围内，进而搭配其他特效润饰视频。

⑥ 通过试听背景音乐，并结合文字素材和视频素材的时长，确定视频结束的时间点。将时间轴移至该时间点，分别对两条视频轨道和一条音频轨道进行分割，并选中分割出的后半段轨道，并将其删除，如图 8-193 所示。需要注意的是，在进行分割操作时，务必保持时间轴的位置不动，从而让视频的结尾不会出现黑屏，或者只有文字没有画面、只有画面没有文字等情况。

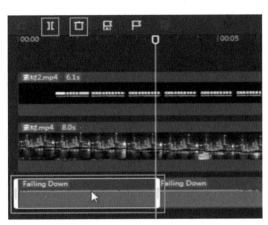

图8-192

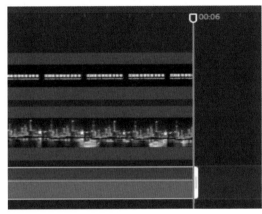

图8-193

⑦ 选中音频轨道，在"细节调整区"，将"基本"分类下的"淡出时长"值设置为 1.0s，从而让视频结束得更加自然，如图 8-194 所示。

⑧ 选中文字素材轨道，单击"细节调整区"中的"动画"按钮，并添加"入场"动画中的"动感放大"效果。"动画时长"设置为 2.6s，以此让文字的出现更具动感，如图 8-195 所示。

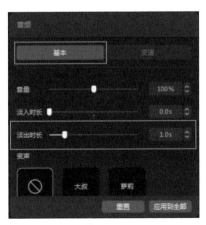

图8-194

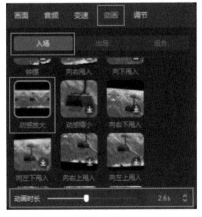

图8-195

⑨ 当背景音乐中的一句歌词唱完后，会出现一个明显的重音节拍点。在该重音出现时，单击▣图标添加节拍点。节拍点会在音频轨道中以"黄色小圆点"的形式出现，如图 8-196 所示。

⑩ 将时间轴与节拍点对齐，单击工具栏中"特效"按钮，添加"动感"分类下的"色差放大"效果，如图 8-197 所示，从而让视频的赛博朋克风格更强烈。需要注意的是，为了让特效与节拍点的匹配程度更高，需要缩短特效的时长，使其只在节拍点处让整个画面"抖动"一次。

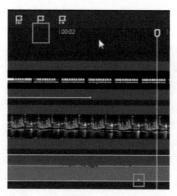
图8-196

图8-197

⑪ 当文字完全清晰后，再为其增加短暂的好像电视信号不稳定的效果，从而给观者一点"惊喜"。单击工具栏中的"特效"按钮，选择"动感"分类下的"横纹故障Ⅱ"效果，并大幅度缩短其时长，使画面中只有一瞬间出现"故障"效果，如图 8-198 所示。

⑫ 单击工具栏中"音频"按钮，选择"音效素材"中，"转场"分类下的"电视没信号-嘶"音效，如图 8-199 所示。将该音效放置在与"横纹故障Ⅱ"特效相同的位置，以此让"故障感"更真实。至此，故障文字片头就制作完成了。

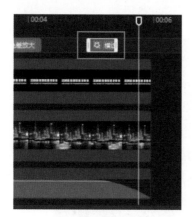
图8-198

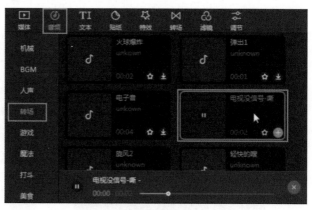
图8-199

8.7 渐变色效果

通过制作渐变色效果有利于表现视频的情绪，并且色彩的变化会让画面有一种"染色"的视觉感受。在本例中，将讲述利用滤镜、画中画、关键帧、蒙版等功能，制作出不同效果的"渐变色"的方法。通过如图 8-200~ 图 8-205 所示可大致了解本例的效果。

图8-200

图8-201

图8-202

图8-203

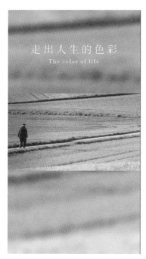

图8-204

图8-205

8.8 简约竖版vlog

虽然建议大家在手机短视频平台发布视频时采用竖幅画面，但由于很多视频素材是横幅的，从而在以竖幅展示时，构图或者排版往往不够美观。在本例中，将讲述几个竖幅排版的方式，并利用画中画、蒙版、文字等功能，营造出简约美。通过如图8-206~图8-211所示可大致了解本例的效果。

图8-206

图8-207

图8-208

图8-209

图8-210

图8-211

8.9 漫威翻页效果

　　相信看过"漫威"系列电影的人一定记得其片头的快速翻页效果，可以立刻吸引观者的注意力。在本例中，将讲述通过动画、音效、色度抠图、关键帧等功能，制作出相似的翻页效果的方法。通过如图 8-212~ 图 8-217 所示可大致了解本例的效果。

图8-212

图8-213

图8-214

图8-215

图8-216

图8-217

8.10 朋友圈弹窗片头

　　微信朋友圈是很多人最熟悉的社交平台之一，所以，当一段视频以类似"朋友圈"的画面作为开头，往往能够迅速吸引观者的注意力，在本例中将使用贴纸、画中画、关键帧等功能进行相应的操作。通过如图 8-218~ 图 8-223 所示可大致了解本例的效果。

图8-218

图8-219

图8-220

图8-221

图8-222

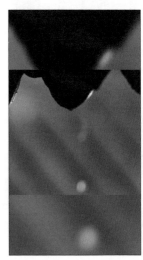
图8-223

8.11 曲线变速卡点效果

"音乐卡点"效果有很多种，而"变速卡点"正是其中之一。当画面中人物动作的变化速度与节拍点匹配时，视频的节奏感会尤为突出，在本例中将使用曲线变速、自动踩点、特效等功能进行相应的操作。通过如图 8-224~ 图 8-229 所示可大致了解本例的效果。

图8-224

图8-225

图8-226

图8-227

图8-228

图8-229

8.12 人物定格特写

当需要突出画面中人物的某个动作时，就可以利用"人物定格特写"来实现。在本例中，将使用定格、特效、智能抠像等功能，营造画面色彩对比并突出单一指定人物。通过如图8-230~图8-235所示可大致了解本例的效果。

图8-230

图8-231

图8-232

图8-233

图8-234

图8-235

8.13　人物抠像转场

当前后两个画面的人物和地点均不相同时，可以采用"人物抠像"转场的方式，让画面更具视觉冲击力。该效果需要使用剪映中的智能抠像、画中画、特效等功能。通过如图 8-236～ 图 8-241 所示可大致了解本例的效果。

图8-236

图8-237

图8-238

图8-239

图8-240

图8-241

8.14 瞳孔转场

当画面中出现人物特写时，就可以考虑通过其瞳孔中的景象进行转场，这种转场效果往往会带有一种科幻感。该效果需要使用剪映中的画中画、蒙版、关键帧等功能进行操作，通过如图8-242~图8-247所示可大致了解本例的效果。

图8-242

图8-243

图8-244

图8-245

图8-246

图8-247

8.15 "抓不住"的水杯

本例需要按照一定的动作进行拍摄，并通过后期剪辑形成水杯会自行移动的效果。为了让水杯的移动更有节奏感，所以还会让移动瞬间与音乐节拍点匹配。通过如图 8-248~ 图 8-253 所示可大致了解本例的效果。

图8-248

图8-249

图8-250

图8-251

图8-252

图8-253

8.16 追光片头

"追光片头"非常适合作为清新、可爱风格视频的开场。该效果可以让视频画面像被聚光灯打亮一般，通过从局部画面到完整画面的转变来吸引观者。该效果需要使用画中画、蒙版、关键帧、音效等功能进行操作，通过如图 8-254~ 图 8-259 所示可大致了解本例的效果。

图8-254

图8-255

图8-256

图8-257

图8-258

图8-259

第 9 章

用手机也能拍出精彩视频

9.1 安卓手机与iPhone录制参数设置方法

9.1.1 iPhone设置方法

打开 iPhone 的照相功能，然后滑动下方选项条，选择"视频"模式，点击下方圆形按钮即可开始录制，再次点击下方圆形按钮即可停止录制，如图 9-1 所示。

iPhone 还有一个人性化的功能，即在录制过程中点击左下角快门按钮可随时拍摄静态照片，从而不错过任何一个精彩瞬间，如图 9-2 所示。

另外，在 iPhone 11 中，还可以在拍摄照片时按住快门按钮不松手，从而快速切换为视频录制模式。如需长时间录制，在按住快门按钮的状态下，向右拖动即可，如图 9-3 所示。

使用iPhone 11拍摄照片时，可以通过长按快门按钮的方式进行视频录制；松开快门按钮即结束录制。如果需要长时间录制视频，将快门按钮向右拖至 🔒 图标即可

图9-3

① 在视频录制模式下，点击界面右侧快门按钮即可开始录制

图9-1

② 录制过程中点击右下角快门按钮，可在视频录制过程中拍摄静态照片；点击右侧中间圆形按钮可结束视频录制

图9-2

9.1.2　安卓手机设置方法

安卓手机与 iPhone 的视频录制方法基本相同，均需要打开照相软件，然后滑动下方选项条，选择"录像"模式，点击下方圆形按钮即可开始录制，再次点击下方圆形按钮即可停止录制，如图 9-4 所示。并且安卓手机和 iPhone 均有一个人性化的功能，即在录制过程中点击左下角快门按钮可随时拍摄静态照片，从而不错过任何一个精彩瞬间，如图 9-5 所示。

① 在视频录制模式下，点击界面右侧快门按钮即可开始录制

图9-4

② 录制过程中点击右下角快门按钮，可在视频录制过程中拍摄静态照片；点击右侧中间圆形按钮可结束视频录制

图9-5

9.1.3　手机录视频需注意这三点

想要录制出满意的视频，以下 3 点需要格外注意。

保持安静。由于拍摄者离话筒比较近，如果边拍摄边说话，拍摄者的声音在视频中听起来会很大，感觉乱糟糟的，所以尽量不要说话。

拍摄进行中谨慎对焦。在拍摄的过程中尽量不要改变对焦，因为重新选择对焦点时，画面会有一个由模糊到清晰的缓慢变化过程，会破坏画面的流畅感。

注意光线。在光线较弱的环境中拍摄时，视频中的噪点会比较多，非常影响画面美观，为了避免这种情况，在没有专业设备的情况下，可以看看周围有什么照明设施可用。

9.2 让视频画面更稳定的技巧

除非为了营造主观效果而故意让视频画面抖动，否则稳定的画面定然会带来更好的观看体验。很多人在刚开始使用手机拍视频时，其画面经常抖动得比较厉害，下面这两个方法可以让你拍摄出稳定的视频。

9.2.1 这样拿手机才更稳

如果你拍摄的照片总是"糊"的，这除了与拍摄时的光线有关（比如光线比较暗），还有可能因为没有使用正确的拍摄姿势，如图 9-6 所示。

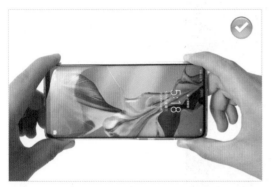

稳定的持机方式：采用横幅构图时，可以用双手握住手机，以保持手机的稳定

不稳定的持机方式：如果采用这种方式持机和释放快门的方法，很容易导致画面模糊

稳定的持机方式：采用竖幅构图时，左手握住手机，并且用大拇指按下音量按键以释放快门

不稳定的持机方式：对于屏幕较大的手机，不建议用右手持机，这样会容易导致手机晃动

图9-6

9.2.2　利用配件稳定手机

虽然目前高端安卓手机和 iPhone 大多具有视频防抖功能，但其作用依然有限。此时就需要使用外置设备来对手机进行固定，以尽量减少拍摄过程中产生的抖动。

三脚架

三脚架是最常用的稳定相机的设备，随着手机摄影的兴起，市场上也出现了很多手机摄影专用的三脚架，它们更小巧，使用也更灵活。

如八爪鱼手机三脚架（见图 9-7），与传统三脚架相比，可以将手机固定在更多的位置上。还有集自拍杆与三脚架于一身的设备（见图 9-8），使用起来更方便。

对于固定机位的视频拍摄而言，通过三脚架固定手机，可以确保画面几乎没有抖动。

稳定器

在固定机位拍摄时适合使用三脚架，而当需要移动手机拍摄时，就需要使用稳定器（见图 9-9）了。而稳定器不但能够实现相对平稳的运镜效果，在其 App 支持所用手机的情况下，还可以实现快速更改相关拍摄设置以及匀速变焦等功能。

线控耳机

带线控的耳机（见图 9-10）可以通过按耳机上的接听按键或者音量键实现视频拍摄，从而避免了用手指按快门按钮时对手机造成的振动。

八爪鱼三脚架

图9-7

既是自拍杆又是三脚架

图9-8

稳定器

图9-9

线控耳机

图9-10

9.3 用手机录制画面清晰、亮度正常的视频

9.3.1 选择正确的对焦位置

　　拍摄清晰的视频，除了要用各种方法保证手机的稳定性，还要确保对焦位置是正确的。

　　用手机进行对焦很简单，只要在用手机拍照的时候用手指触碰一下屏幕，就会看到屏幕上出现一个黄色圆圈，这圆圈的作用就是对其所框住的景物进行自动对焦和自动测光，如图9-11所示。也就是说，在这个黄色圆圈范围的画面都是清晰的，在纵深关系上，焦点前后的景物会显得稍微模糊。

用手指点击靠近镜头的花卉，使黄色圆圈对准它进行对焦，得到的画面就是离镜头较近的花卉清晰，较远的花卉模糊

图9-11

　　在拍摄时，一定注意点击的位置是否为希望对焦的位置，如果发现位置不准确，则需要重新点击屏幕进行对焦，如图9-12所示。

　　好在手机的CMOS尺寸一般都比较小，所以景深往往会比较大。在录制视频时，在对某个区域对焦后，其附近的区域也会保持清晰，如图9-13所示。在运镜范围不大，并且需要清晰的景物在纵深上相差不远时，不需要过于担心手机的对焦问题。

用手指点击远离镜头的花卉，使黄色圆圈对准它进行对焦，此时得到的画面就是靠后的花卉清晰，距离近的花卉模糊

图9-12

　　而一旦拍摄一些运动范围很大，移动速度又较快的景物时，目前手机的对焦系统还无法保证能够准确跟焦。但部分高端手机在视频录制模式下，会自动识别画面中的人物并进行对焦，可以在录制运动中的人物时，提升准确合焦的概率。

对焦在热气球上，让其在画面中清晰呈现

图9-13

9.3.2 避免手机自动调整对焦和曝光的方法

手机录制视频有一个特点，就是在非专业模式下，对焦位置的景物如果发生变化，手机会自动重新进行对焦并测光，这就导致在拍摄动态画面时，被摄体只是小范围的移动，可能就能会触发手机重新对焦，并导致画面一会儿模糊，一会儿清晰的情况出现。

因此，当手机与被摄体的距离不会发生较大变化时，为了保证画面持续清晰以及亮度相对统一，经常需要在开始录制前，对被摄体对焦，并锁定对焦和曝光。这样无论手机和被摄物如何移动（只要距离不发生太大变化），并且在光线稳定的情况下，画面就会始终清晰，亮度也会始终保持不变。

而锁定曝光和对焦的操作非常简单，只需要在对焦后，长按对焦框，即可激活对焦和曝光锁定，如图 9-14 所示。

9.3.3 通过不同的测光位置控制画面亮度

图9-14

使用手机录视频时，用手触碰屏幕会出现一个圆圈，这个圆圈的作用就是对其框住的景物进行自动测光，当点击屏幕上亮度不同的地方或景物时（小方框的位置也会随之改变），照片整体的亮度会跟着发生变化。

如果想要调整画面的亮度，可采取如下方法。

若想拍出较暗的画面效果，可对准浅色（较亮）的物体进行测光，也就是要将方框移至浅色（较亮）的物体上，如图 9-15 所示。

若想拍出较亮的画面效果，则可对准深色（较暗）的物体进行测光，也就是要将方框移至深色（较暗）的物体上，如图 9-16 所示。

对准天空中较亮的云层测光，得到偏暗的画面，使亮部曝光适度，地面暗部略显曝光不足

图9-15

对准地面的暗部测光，得到偏亮的画面，暗部细节丰富，但较亮云层曝光稍显过度

图9-16

9.3.4　学会使用手机的曝光补偿功能

在录制视频时，由于手机只能根据对焦框范围内画面亮度来确定整个画面的曝光，所以在拍摄一些明暗不均的场景时，很难通过选择某一对焦位置就正好得到理想的画面亮度，此时就需要通过曝光补偿来进行调整。

曝光补偿听起来好像是很专业的词语，其实意思就是调整画面的亮度，如果希望画面亮一些就要增加曝光补偿，如果希望画面暗一些就减少曝光补偿。

无论安卓手机还是 iPhone，其简易曝光补偿功能使用起来都非常方便。在视频录制模式下，当点击画面进行对焦和测光时，黄色圆圈附近会出现一个小太阳图标，如图 9-17 所示。上下拖动它即可增加或减少画面亮度，也就是增加或减少曝光补偿，如图 9-18 和图 9-19 所示。

需要注意的是，如果需要锁定曝光和对焦进行视频拍摄，那么应该在长按对焦框进行锁定后，再划动屏幕调节亮度。此时，除非手动调节曝光补偿，否则手机不会自动调整曝光。

由于 iPhone 和安卓手机在快速调整画面亮度时的操作方法以及界面几乎完全一样，所以图中仅以安卓手机为例，展示其操作方法。

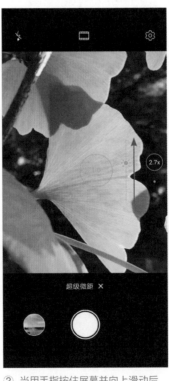

① 使用安卓手机或iPhone拍摄照片时，点击屏幕会使手机在该范围内对焦并出现黄框，如果认为画面亮度不合适，则用手指按住屏幕上下滑动即可调整亮度，也就是调整曝光补偿

② 当用手指按住屏幕并向上滑动后，可以看到画面明显变亮，小太阳图标的位置也向上移动了，表示目前在增加曝光补偿

③ 当用手指按住屏幕向下滑动后，可以看到画面明显变暗，小太阳图标则会向下移动，表示目前在减少曝光补偿

图9-17　　　　　　　　　　图9-18　　　　　　　　　　图9-19

9.4 认识镜头语言

镜头语言既然带了"语言"二字，那就说明这是一种和说话类似的表达方式。而"镜头"二字，则代表是用镜头来进行表达。所以，镜头语言可以理解为用镜头表达的方式，即通过多个镜头中的画面，包括组合镜头的方式，来向观者传达拍摄者希望表现的内容。

所以，在一段视频中，除了声音，所有为了表达而采用的运镜方式、剪辑方式和一切画面内容，均属于镜头语言。

9.5 镜头语言之运镜方式

运镜方式指录制视频过程中，摄像器材的移动或者焦距调整方式，主要分为推镜头、拉镜头、摇镜头、移镜头、甩镜头、跟镜头，升镜头与降镜头，共8种，也被简称为"推拉摇移甩跟升降"。由于环绕镜头可以产生更具视觉冲击力的画面效果，所以在本节中将介绍9种运镜方式。

需要提前强调的是，在介绍各种镜头运动方式的特点时，为了便于各位理解，会说明此种镜头运动在一般情况下适合表现哪类场景，但这绝不意味着它只能表现这类场景，在其他特定场景下应用，也许会更具表现力。

9.5.1 推镜头

推镜头是指，镜头从全景或别的景位由远及近向被摄体推进拍摄，逐渐推成近景或特写镜头，如图 9-20 所示。其作用在于强调主体、描写细节、制造悬念等。

推镜头示例

图9-20

9.5.2 拉镜头

拉镜头是指将镜头从全景或别的景位由近及远调整，景别逐渐变大，表现更多环境的运镜方式，如图 9-21 所示。其作用主要在于表现环境，强调全局，从而交代画面中局部与整体之间的联系。

拉镜头示例

图9-21

9.5.3 摇镜头

摇镜头是指机位固定，通过旋转手机而摇摄全景或者跟着被摄体的移动进行摇摄（跟摇），如图 9-22 所示。

摇镜头的作用主要为 4 点，分别是介绍环境、从一个被摄体转向另一个被摄体、表现人物运动，以及代表剧中人物的主观视线。

值得一提的是，当利用"摇镜头"介绍环境时，通常表现的是宏大的场景。而"左右摇"适合拍摄壮阔的自然美景；"上下摇"则适用于展示建筑物的雄伟或峭壁的险峻。

摇镜头示例

图9-22

9.5.4　移镜头

在拍摄时，机位在一个水平面上移动（在纵深方向移动则为推/拉镜头）的镜头运动方式被称为"移镜头"，如图 9-23 所示。

移镜头的作用其实与摇镜头十分相似，但在"介绍环境"与"表现人物运动"这两点上，其视觉效果更为强烈。在一些制作精良的大型影片中，可以经常看到这类镜头所表现的画面。

另外，由于采用移镜头方式拍摄时，机位是移动的，所以画面具有一定的流动感，这会让观者感觉仿佛置身画面之中，更有艺术感染力。

移镜头示例

图9-23

9.5.5　跟镜头

跟镜头又称"跟拍"，是跟随运动被摄体进行拍摄的镜头运动方式，如图 9-24 所示。跟镜头可连续而详尽地表现角色在行动中的动作和表情，既能突出运动中的主体，又能交代动体的运动方向、速度、体态及其与环境的关系，有利于展示人物在动态中的精神面貌。

跟镜头在走动过程中的采访以及体育视频中经常使用。拍摄位置通常在人物的前方，形成"边走边说"的视觉效果。而体育视频则通常为侧面拍摄，从而表现运动员奔跑的姿态。

跟镜头示例

图9-24

9.5.6 环绕镜头

将移镜头与摇镜头组合起来，就可以实现一种比较酷炫的运镜方式——环绕镜头，如图 9-25 所示。通过环绕镜头可以 360° 展现某一主体，经常用于在华丽场景下突出新登场的人物，或者展示景物的精致细节。

最简单的实现方法，就是将手机安装在稳定器上，然后手持稳定器，在尽量保持手机稳定的情况下绕人物跑一圈儿。

环绕镜头示例

图9-25

9.5.7 甩镜头

甩镜头是指一个画面拍摄结束后，迅速旋转镜头到另一个方向的镜头运动方式，如图 9-26 所示。由于甩镜头时，画面的运动速度非常快，所以该部分画面内容是模糊不清的，但这正好符合人眼的视觉习惯（与快速转头时的视觉感受一致），所以会给观者较强的临场感。

值得一提的是，甩镜头既可以在同一场景中的两个不同主体之间快速转换，模拟人眼的视觉效果，还可以在甩镜头后直接接入另一个场景的画面（通过后期剪辑进行拼接），从而表现同一时间下，不同空间并列发生的情景，此法在影视剧制作中会经常出现。

甩镜头示例

图9-26

9.5.8 升降镜头

上升镜头是指手机的机位慢慢升起，从而表现被摄体的高大，如图 9-27 所示。在影视剧中，也被用来表现悬念。而下降镜头则与之相反。升降镜头的特点在于能够改变镜头和画面的空间，有助于加强戏剧效果。

需要注意的是，不要将升降镜头与摇镜头混为一谈。例如机位不动，仅将镜头仰起，此为摇镜头，展现的是拍摄角度的变化，而不是高度的变化。

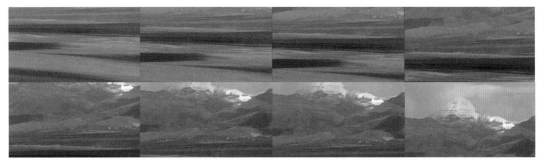

升镜头示例

图9-27

9.6　3个常用的镜头术语

之所以对主要的镜头运动方式进行总结，一方面是因为比较常用，又各有特点；另一方面，则是为了便于交流、沟通所需的画面效果。

因此，除了上述9种镜头运动方式，还有一些偶尔也会用到的镜头名称或者相关"术语"，如"空镜头""主观镜头"等。

9.6.1　空镜头

"空镜头"指画面中没有人物的镜头，如图9-28所示，也就是单纯拍摄场景或场景中局部细节的画面，通常用来表现景物与人物的联系或借物抒情。

一组空镜头表现事件发生的环境

图9-28

9.6.2　主观性镜头

"主观性镜头"其实就是把镜头当作人物的眼睛，可以形成较强的代入感，并非常适合表现人物内心感受，如图9-29所示。

主观性镜头可以模拟人眼看到的画面效果

图9-29

9.6.3 客观性镜头

"客观性镜头"指完全以一种旁观者的角度进行拍摄,如图9-30所示。其实这种说法就是为了与"主观性镜头"相区分。因为在视频录制中,除了主观镜头肯定就是客观镜头,而客观镜头又往往占据视频中的绝大部分,所以几乎没有人会说"去拍个客观镜头"这样的话。

客观性镜头示例

图9-30

9.7 镜头语言之"起幅"与"落幅"

9.7.1 理解"起幅"与"落幅"的含义和作用

"起幅"是指在运动镜头开始时,要有一个由固定镜头逐渐转为运动镜头的过程,而此时的固定镜头则被称为"起幅"。

为了让运动镜头之间的连接没有跳动感和割裂感,往往需要在运动镜头的结尾逐渐转为固定镜头,这就是"落幅"。

除了可以让镜头之间的连接更自然、连贯,"起幅"和"落幅"还可以让观者在运动镜头中看清画面中的场景,如图9-31所示。其中起幅与落幅的时长一般在1~2s,如果画面信息量比较大,如远景镜头,则可以适当延长时间。

在镜头开始运动前的停顿，可以让画面信息充分传达给观众

图9-31

9.7.2 起幅与落幅的拍摄要求

由于起幅和落幅是固定镜头，所以考虑到画面美感，构图要严谨。尤其在拍摄到落幅阶段时，镜头所停稳的位置、画面中主体的位置和所包含的景物均要进行精心设计，如图 9-32 所示，并且停稳的时间也要恰到好处。过晚进入落幅则在与下一段的起幅衔接时会出现割裂感，而过早进入落幅又会导致镜头停滞时间过长，让画面僵硬、死板。

在镜头开始运动和停止运动的过程中，镜头速度的变化尽量均匀、平稳，从而让镜头衔接更自然、顺畅。

镜头的起幅与落幅是固定镜头录制的画面，所以构图要比较讲究

图9-32

9.8 简单了解拍前必做的"分镜头脚本"

通俗地理解，分镜头脚本就是将一个视频所包含的每一个镜头拍什么和怎么拍，先用文字写出来或者画出来（有的分镜头脚本会利用简笔画表明构图方法），也可以理解为拍视频之前的计划书。

在影视剧拍摄中，分镜头脚本有着严格的绘制要求，是拍摄和后期剪辑的重要依据，并且需要经过专业的训练才能完成。但作为普通摄影爱好者，大多数都以拍摄短视频或者 vlog 为主，因此只需了解其作用和基本撰写方法即可。

9.8.1 "分镜头脚本"的作用

指导前期拍摄

即便是拍摄一个长度为 10s 左右的短视频，通常也需要 3~4 个镜头来完成。那么 3 个或 4 个镜头计划怎么拍，就是分镜脚本中要写清楚的内容。从而避免到了拍摄场地现想，既浪费时间，又可能因为思考时间太短而得不到理想的画面。

图9-33为3位导演绘制的分镜头手稿，属于"分镜头脚本"的一种表现形式。

| 徐克导演的分镜头手稿 | 姜文导演的分镜头手稿 | 张艺谋导演的分镜头手稿 |

图9-33

值得一提的是，虽然分镜头脚本有指导前期拍摄的作用，但不要被其束缚。在实地拍摄时，如果突发奇想，有更好的创意，则应该果断采用新方法进行拍摄。如果担心临时确定的拍摄方法不能与其他镜头（拍摄的画面）衔接，则可以按照原本分镜头脚本中的计划，拍摄一个备用镜头，以防万一。

后期剪辑的依据

根据分镜头脚本拍摄的多个镜头需要通过后期剪辑合并成一个完整的视频。因此，镜头的排列顺序和镜头转换的节奏，都需要以镜头脚本作为依据。尤其是在拍摄多组备用镜头后，很容易相互混淆，导致不得不花费更多的时间进行整理。

另外，由于拍摄时现场的情况很可能与预想不同，所以前期拍摄未必完全按照分镜头脚本进行。此时就需要懂得变通，抛开分镜头脚本，寻找最合适的方式进行剪辑。

9.8.2 "分镜头脚本"的撰写方法

懂得了"分镜头脚本"的撰写方法，也就学会了如何制订短视频或者vlog的拍摄计划。

"分镜头脚本"中应该包含的内容

一份完善的分镜头脚本中，应该包含镜头编号、景别、拍摄方法、时长、画面内容、拍摄解说、音乐共6部分内容，下面逐一讲解每部分内容的作用。

1. 镜头编号

镜头编号代表各个镜头在视频中出现的顺序。在绝大多数情况下，也是前期拍摄的顺序（因客观原因导致个别镜头无法拍摄时，则会先跳过）。

2. 景别

景别分为全景（远景）、中景、近景、特写，用来确定画面的表现方式。

3. 拍摄方法

针对拍摄对象描述镜头运用方式，是"分镜头脚本"中唯一对拍摄方法的描述。

4. 时间

用来预估该镜头拍摄的时长。

5. 画面

对拍摄的画面内容进行描述，如果画面中有人物，则需要描绘人物的动作、表情、神态等。

6. 解说

对拍摄过程中需要强调的细节进行描述，包括光线、构图、镜头运用的具体方法。

7. 音乐

确定背景音乐。

提前对以上 7 部分内容进行思考并确定后，整个视频的拍摄方法和后期剪辑的思路、节奏就基本确定了。虽然思考的过程比较花时间，但正所谓磨刀不误砍柴工，做一份详尽的分镜头脚本，可以让前期拍摄和后期剪辑轻松不少。

撰写一份"分镜头脚本"

在了解了"分镜头脚本"所包含的内容后，就可以自己尝试进行撰写了。这里以在海边拍摄一段短视频为例，介绍撰写分镜头脚本的方法。

由于分镜头脚本是按不同镜头进行撰写的，所以一般都以表格的形式呈现。但为了便于介绍撰写思路，会先以成段的文字进行讲解，最后再通过表格呈现最终的分镜头脚本。

首先整段视频的背景音乐统一确定为陶喆的《沙滩》，然后再分镜头讲解设计思路。

镜头 1：人物在沙滩上散步，并在旋转过程中让裙子散开，表现出海边的惬意。所以，镜头 1 利用远景将沙滩、海水和人物均纳入画面。为了让人物从画面中突出，应穿着颜色鲜艳的服装，如图 9-34 所示。

镜头 2：由于镜头 3 中将出现新的场景，所以镜头 2 设计为一个空镜头，单独表现镜头 3 中的场地，让镜头之间彼此联系，起到承上启下的作用。

镜头1 表现人物与海滩景色

图9-34

镜头 3：经过前面两个镜头的铺垫，此时通过在垂直方向上拉镜头的方式，让镜头逐渐远离人物，表现出栈桥的线条感与周围环境的空旷、大气之美，如图 9-35 所示。

镜头 4：最后一个镜头，则需要将画面拉回视频中的主角——人物，同样通过远景同时兼顾美丽的风景与人物。在构图时要利用好栈桥的线条，形成透视牵引线，增加画面空间感，如图 9-36 所示。

镜头3 逐渐表现出环境的极简美

图9-35

镜头4 回归人物

图9-36

经过以上的思考后，即可将分镜头脚本以表格的形式表现出来了，最终的成品如下表所示。

镜号	景别	拍摄方法	时间	画面	解说	音乐
1	远景	移动机位拍摄人物与沙滩	3s	穿着红衣的女子在沙滩上散步	稍微俯视的角度，表现出沙滩与海水，女子可以摆动起裙子	《沙滩》
2	中景	以摇镜的方式表现栈桥	2s	狭长栈桥的全貌逐渐出现在画面中	摇镜的最后一个画面，需要栈桥透视线的灭点位于画面中央	同上
3	中景+远景	中景俯拍人物，采用拉镜方式，让镜头逐渐远离人物	10s	从画面中只有人物与栈桥，再到周围的海水，再到更大空间的环境	通过长镜头，以及拉镜的方式，让画面逐渐出现更多的内容，引起观者的兴趣	同上
4	远景	固定机位拍摄	7s	女子在优美的海上栈桥翩翩起舞	利用栈桥让画面更具空间感。人物站在靠近镜头的位置，使其占据画面一定的比例	同上

第 **10** 章
掌握必会运营技巧获得超高流量

10.1 取一个名字，设置一个头像

在开始运营短视频账号之前，首先要有一个账号，而设置账号则少不了取名字、选头像。无论是取名字，还是设置头像，其宗旨均为让观者快速记住你。而且无论是名字还是头像，一旦选定，均不建议进行更改，否则非常不利于粉丝的积累。因此，在确定名字和头像时，一定要慎重。

10.1.1 取名字的5个要点

1.字数不要太多

简短的名字可以让观者扫一眼就知道这个抖音号或快手号叫什么，哪怕是无意中看到了你的视频，也可以在脑海中有一个模糊的印象。当你的视频第二次被看到时，其被记住的概率就大幅增加了。另外，简短的名字定然要比复杂的名字更容易记忆，建议将名字的长度控制在6个字以内。例如，目前抖音上的头部账号："papi酱""刀小刀sama""我是田姥姥"等，其账号名称长度均在6个字以内，如图10-1所示。

2.表现出账号内容所属垂直领域

如果账号主要发布某一个垂直领域的视频，那么从名字中最好能够有所体现。例如"凤雪美食"，一看名字就知道是分享美食视频的账号；而"好机友摄影"，一看就知道是分享摄影相关视频的账号。

这样做的好处在于，当观者需要搜索特定类型的短视频账号时，你的账号被发现的概率就会大幅增加。同时，也可以通过名字给账号打上一个标签，精准定位视频受众。当账号具有一定流量后，变现也会更容易，如图10-2所示。

3.不要使用生僻字

如果观者不认识账号中的字，对于宣传是非常不利的，所以尽量使用常用字作为名字，可以让账号的受众更广泛，也有利于运营时的宣传。

在此特别强调下账号名带英文的情况，如果账号发布的视频，其主要受众是年轻人，在名字中加入英文可以显得更时尚；如果主要受众是中老年人，则建议不要加入英文，因为这部分人群对于自己不熟悉的领域往往会有排斥心理，当看到不认识的英文时，大概率不会关注该账号，如图10-3和图10-4所示。

排名		名称
1		疯狂小杨哥😎
2		高火火🖤
3		郭聪明🔥
4		刀小刀sama
5		🖤会说话的刘二豆🖤
6		我是田姥姥

图10-1

人民日报

央视新闻

51美术

图10-2

图10-3

图10-4

4.使用品牌名称

如果在创建账号之前已经具有自己的品牌，那么直接使用品牌名称即可，如图10-5所示。这样不但可以对品牌进行一定的宣传，在今后对线上和线下进行联动运营时也会更方便。

5.使用与微博、微信相同的名字

使用与微博、微信相同的名字可以让周围的人快速找到你，并有效利用其他平台所积攒的流量，作为在新平台起步的资本。

图10-5

6.让名字更具亲和力

一个好名字一定是具有亲和力的，这可以让观者更想了解博主，更希望与博主进行互动。而一个非常酷，很有个性，却冷冰冰的名字，则会让观者产生疏远感。即便很快记住了这个名字，也因为心理的隔阂而不愿意去关注或者互动。所以，无论是在抖音还是在快手平台，都会看到很多比较萌、比较温和的名字，如"韩国媳妇大璐璐""韩饭饭""会说话的刘二豆"等，如图10-6~图10-8所示。

图10-6

图10-7

图10-8

10.1.2　设置头像的4个要点

1.头像要与视频内容相符

一个主打搞笑视频的账号，那么其头像自然要诙谐幽默，如"贝贝兔来搞笑"；一个主打真人出镜、打造大众偶像的视频账号，头像当然要是个人形象照，如"李佳琦 Austin"；而一个主打萌宠视频的账号，头像就需要是宠物照片，如"金毛～路虎"，如图 10-9~ 图 10-11 所示。

如果账号名是招牌，那么头像就是店铺的橱窗，需要通过头像来直观地表现出视频的主打内容。

图10-9

图10-10

图10-11

2.头像要尽量简洁

头像也是一张图片，而所有具有宣传性质的图片，其共同特点就是"简洁"。只有简洁的画面才能让观者一目了然，并迅速对视频账号具有基本了解。

如果是文字类的头像，则字数尽量不要超过 3 个字，否则很容易显得杂乱。

另外，为了让头像更明显、更突出，尽量使用对比色的搭配。例如黄色与蓝色、青色与紫色、黑色与白色等，如图 10-12 所示。

图10-12

3.头像应与视频风格吻合

即便属于同一个垂直领域的账号，其风格也会有很大区别。而为了让账号特点更突出，在头像上就应该有所体现。例如同是科普类账号的"笑笑科普"与"昕知科技"，如图 10-13 所示，前者的科普内容更偏向于生活中的冷门小知识，而后者则更偏向于对高新技术的科普。两者风格的不同，使"笑笑科普"的头像就比较诙谐幽默，而"昕知科技"的头像则更有科技感。

图10-13

4.使用品牌Logo作为头像

如果是运营品牌的视频账号，与使用品牌名作为名字类似，使用品牌 Logo 作为头像既可以起到宣传作用，又可以通过品牌积累的资源让短视频账号更快速地成长，如图 10-14 所示。

图10-14

10.2　理解短视频平台的推荐算法

我们经常会听到这样的一些对话，或者说是看到这样的一些文章，就是有一些做了很多短视频的人，突然出现了一个观看量上千万的爆款，但是出现这种爆款，以后按照同样的思路再去做，却没有办法打造另一个爆款，这里涉及的问题，就是为什么爆款无法进行批量复制？

要理解这个问题，就必须从各个短视频平台的推荐算法说起。

一个视频在发布以后，首先各个平台会按照这个视频的分类，将这个视频推送给可能会对这个视频感兴趣的一部分人，例如我们发布了一个搞笑视频，此时平台就会从用户库随机找到 500 个对搞笑视频感兴趣的人，并且将这个视频推送给他们，如果这 500 个用户对这个搞笑视频都非常感兴趣，不仅看完了整个视频，而且还会跟视频的发布者进行热烈的讨论、互动、点赞、转发，如图 10-15 所示，此时，平台就会认为这是一个优质的视频，从而把它推送到下一个流量池，这个流量池可能就是 3000 个对搞笑视频感兴趣的人，此时就会出现两种情况。

如果这 3000 个人中的大部分，不仅看完了整个视频，而且会跟视频的发布者进行热烈讨论、点赞、转发、收藏，那么这个视频将会被推荐到下一个更大的流量池，可能是 5 万这样的数量级，并按照同样的逻辑进行下一次的分发，最终可能出现一个浏览量达到数千万级别的爆款视频，如图 10-16 所示。

但如果在 3000 人的流量池中，大部分人没有看完这个视频，而且不会产生互动、转发、收藏，那么这个视频就不会被再次推送，因此，它的浏览量也就止步于 3000 了。

当然，我们在这里也只是简单地模拟了各个视频平台的推荐流程，实际上，在这个推荐流程中，还涉及很多的技术性参数及操作的技巧，但从这个流程中我们也基本上能够明白，就是一个视频在刚刚发布的初期，用户的观看操作，如是否看完、是否点赞、是否转发、是否评论、是否收藏，这样的动作直接关系到了这个视频能否成为一个爆款，所以，视频成为爆款也存在有一定的偶然性。

例如你精心制作了一个视频，这个视频在发布的时候，由于时间点选择得不太好，大家都在忙于别的事情，那么这个视频即使被发布出来，大家可能也没有空去仔细观看，通常会匆匆划过，因此，这个视频也就不可能成为爆款了。

随着流量池的不断扩大，就可能出现点赞百万级别的视频

图10-15

大量的评论也可以为视频带来更高的推荐量

图10-16

所以，为什么抖音上面很多人都在说"发第二遍会火"，其实这里就是在赌概率，有些人甚至会在一个视频发布后，发现平台反应不温不火的情况下，把这个视频删掉或者隐藏，然后做非常小的修改，再次发布，仍然不温不火，再次修改，再次发布，这种操作可能重复三四次甚至四五次，如图10-17~图10-19所示。

图10-17　　　　　　　　　　图10-18　　　　　　　　　　图10-19

其实从一个娱乐圈的事件也能够看出来，发布时间节点对于视频是否火爆会产生怎样的影响。经常看娱乐新闻的人可能都会看到"汪峰抢头条"这样的娱乐新闻，作为一个知名歌手，汪峰的名气不可谓不大，尤其是他的爱人——章子怡是国际明星。

但是很多次他的新闻都没有办法获得娱乐头条，或者说是新闻头条，就是因为每次他在发布新闻的时候，总是被一些更大的事件所压制，大家的关注力直接会转向那个更大的新闻，因此他多次都抢头条失败。

这也提醒我们，一定要去通过数据分析，搞明白关注你的视频的人，什么时间会观看你的视频？

例如公司，有一次编辑误操作，将发布时间修改到了下午3点半，结果发现阅读量比平时高，通过测试一段时间后，我们的推送基本被固定在下午2点至4点，而不是大家常以为的中午12点和早上8点半。

关于发布时间，还需要多说一句，以很高成本精心创作出来的内容，一定要放在最有可能被自己粉丝用心浏览的时间段发布。例如，从一周时间来看，通常周一发布任何休闲娱乐类内容，阅读量、观看量都不会太高，反之，周五和周六则是此类内容发布的更好时机。而在一天之内，也有不同的适合时间段。

另外也提醒我们必须调整心态，当我们做的视频出现了一个或者多个爆款以后，不要指望能够通过同样的操作批量产生爆款，在很大的概率上，可能在一个爆款出现之后，第二个，第三个往后若干个浏览量会急剧降低，这反而是一个非常正常的曲线。

10.3 理解短视频上热门的核心逻辑

很多制作短视频的高手都明白一个道理，就是如果希望自己的短视频获得最大多数的推荐以及传播率，或者说是点赞、收藏、转发，自己的短视频必须是一个优质视频。

但是什么样的视频才算是一个优质视频，是画面足够好看，颜色足够漂亮，还是视频中的主角颜值足够高，都不是，优质视频中的核心要点是给予用户价值，甚至是超预期的价值。

从本质上说，所有的自媒体其实都是一种价值交换，无论是文章还是视频，作者给予的是有价值的信息，用户给出的是自己的关注度以及阅读时长，也就是他们的关注、阅读、点赞、收藏等操作，本身就已经形成了一种价值，如图10-20和图10-21所示。这是所有自媒体变现的基础。

所以在创作视频的时候，一定要问自己一个问题，我的视频能为观者提供什么样的价值？然后用换位思考的方法，将自己当成一位观者，如果这个问题的答案不能够说服自己，就建议不要创作这个视频了。

这种换位思考的方法其实非常重要，否则我们创作视频就是一种"自嗨"的过程，自以为创作的视频非常棒，应该有很多人点赞、收藏、关注，但是发出去以后数据惨淡，出现这种情况的绝大部分原因都是因为我们没有换位思考。

这个道理不仅适用于视频创作，还适用于所有所有产品创意、设计与制作。

例如，有一家公司曾经推出过一个用 Photoshop 动作对照片进行加工处理的课程，虽然在开发时大家感觉这课程效果丰富、技术巧妙，一定会叫好又叫座，但推出市场后反响很一般，这就属于典型的"自嗨"式开发，没有站到用户的角度考虑。

所以，从某种角度来讲，能否站在用户角度考虑问题，也是产品设计、创作人员的功力体现，"微信教父"张小龙曾经说过自己 7 秒能够变成一个白痴，以白痴的角度去看微信的设计是否合理，马化腾能够 3 秒变成一个白痴，而乔布斯只需要 1 秒。

所以与其去学习那些花里胡哨的镜头运用技巧、转场技巧、特效技巧，不如真真正正、踏踏实实研究一下，自己的视频能够为观者带来什么样的核心价值，并且采用换位思考的方法，想一想这个价值是否是真实的。

图10-20

图10-21

10.4 DOU+投放指南

由于不同的视频，其受众不同，所以在投放 DOU+ 时也要加入自己的分析，并且投放方式也有一定的策略，下面将介绍详细的 DOU+ 投放方法。

10.4.1 找到DOU+投放入口

找到 DOU+ 投放入口的具体操作方法如下。

❶ 打开一个自己发布的视频，点击界面右侧的 ••• 图标，如图 10-22 所示。

❷ 在打开的菜单中点击▬图标，即可进入 DOU+ 投放页面，如图 10-23 所示。

❸ DOU+ 的收费是完全按照增加的流量来计算的。100 元可以增加 5000 左右的播放量。

图10-22

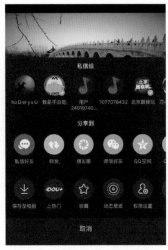

图10-23

10.4.2 DOU+的两种投放模式

目前 DOU+ 提供两大类投放方式，分别为速推版和定向版。

其中速推版操作简单，只要确定需要增加多少播放量，以及是需要增加视频点赞、评论数量还是希望增加粉丝量即可，如图 10-24 所示。

此种方式适合受众十分广泛的视频，如美食类或搞笑类视频。

可对于绝大多数的视频账号而言，在制作视频时都会有清晰的目标受众。此时不建议选择"速推版"方式投放 DOU+，因为投放效果完全不可控。

也许你制作了一个适合年轻人观看的有关极限运动的视频，结果系统将大部分流量分配给了 40 岁以上的人群，推广效果自然不会很理想。

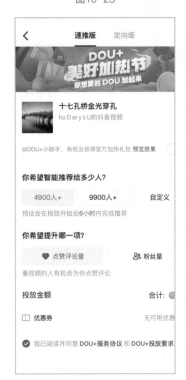

图10-24

10.4.3　定向版详细设置——期望提升与投放时长

（1）"期望提升"选项设置思路

选择"定向版"投放模式后，即可进入参数设置界面。首先对"期望提升"与"投放时长"两个选项进行设置。

在"期望提升"选项中有 3 种选择，分别为点赞评论量、粉丝量和主页浏览量，如图 10-25 所示。

当选择"点赞评论量"选项后，系统会将视频推送给那些会经常点赞或者评论的观者；而当选择"粉丝量"选项后，则会推送给经常会点击关注的那部分人群；选择"主页浏览量"，则会推送给喜欢在主页中选择不同视频浏览的人群。

如果想让自己的视频被更多人看到，例如制作的是带货视频，那么建议选择"点赞评论量"选项。这时有些人可能会有疑问，投 DOU+ 的播放量不是根据花钱多少决定的吗？为何还与选择哪一种"期望提升"有关？

不要忘记，在花钱买流量的同时，如果这条视频的点赞和评论数量够多，系统则会将该视频放在播放次数更多的流量池中。

例如投了 100 元 DOU+，增加 5000 次播放，在这 5000 次播放中如果获得了几百次点赞或者几十条评论，那么系统就很有可能将这条视频放入下一级流量池，从而让播放量进一步增长。

而且对于带货短视频，关键在于让更多的人看到，提高成交单数。至于看过视频的人会不会成为你的粉丝，其实并不重要，如图 10-26 所示。

可是如果你是一个专注做内容的公众号，希望通过优质的内容吸引更多的粉丝，然后再通过植入广告进行变现，那么就建议选择"粉丝量"选项，从而逐步建立起账号变现的资本。

如果已经积累了很多优质的内容，并且运营初期优质内容没有体现其应有的价值，就可以选择提高"主页浏览量"，让观者有机会发现以前发布的优质内容。

（2）"投放时长"设置思路

投放时长主要根据视频的时效性和投放的时间点来确定。例如一条新闻类的视频，那么自然要在短时间内大面积推送，这样才能获得最佳的推广效果。

而如果所做的视频主要面向的是上班族，而他们"刷抖音"的时间集中在下午 5 点～ 7 点这段在公交或者地铁上的时间，或者是晚上 9 点以后这段睡前时间，那么就要考虑所设置的投放时长能否覆盖这些高流量时间段。"投放时长"设置界面如图 10-27 所示。

图10-25

图10-26

图10-27

定向版详细设置——潜在兴趣用户

"潜在兴趣用户"选项中包含3种模式,分别为系统智能推荐、自定义定向推荐和达人相似粉丝推荐。

（1）系统智能推荐。

若选择"系统智能推荐"选项,其效果与选择"速推版"完全相同,所以此处不再赘述,依旧适合那些覆盖范围非常广的视频。

（2）自定义定向推荐。

在该选项中,可以详细设置视频推送的目标人群,对于绝大多数有明确目标受众的视频来说,强烈建议选择此种推送模式。其中包含对性别、年龄、地域和兴趣标签共4种细分设置,基本可以满足精确推送视频的需求。

以美妆类带货视频为例,如果希望通过DOU+获得更高的收益,可以将"性别"设置为"女";"年龄"设置在18-30岁（可多选）;"地域"设置为"全国";"兴趣标签"可以设置"美妆""娱乐""服饰"等。

需要注意的是,增加限制条件后,流量的购买价格也会上升。例如所有选项均为"不限",则100元可以获得5000次播放量,如图10-28所示;而在限制"性别"和"年龄"后,100元只能获得4000次左右播放量,如图10-29所示;当对"兴趣标签"进行限制后,100元就只能获得2500次播放量,如图10-30所示。

所以,为了获得最高性价比,一般来讲,只需要限制"性别"和"年龄"即可。但针对具体视频还应具体分析,可选择不同模式分别投100元,然后计算一下不同方式的回报率,即可确定最优设置。

图10-28

图10-29

图10-30

（3）达人相似粉丝推荐。

如果希望进行推广的视频处于某个垂直领域，就可以将其推送到关注了同一领域头部大号的粉丝，从而实现"合理蹭粉"。

这种 DOU+ 投放模式也激励平台不断出现更优质、更精彩的视频内容，同时给予初入抖音的创作者不少动力，还能够精确投放到目标群体，可谓是一举三得。

而这种投放模式的价格也相对较高，无论选择投放到多少达人的粉丝，其价格均为每 100 元获得 2500 次播放量，相当于比自定义定向投放贵了 1 倍，如图 10-31 所示。

所以建议在选择以某种模式大力推广之前，先分别对每种模式投 100 元试试效果，然后从中选择回报率最高的模式进行推广。

另外，达人相似粉丝推荐这一模式还有一个妙用，可以通过该功能得知各个垂直领域的头部大号。选择其中一些与自己视频内容接近的大号并关注他们，可以学到很多内容创作的方式和方法。

点击界面左侧的 + 图标（加号）后，即可在列表中选择各个垂直领域，并在右侧出现该领域的达人，如图 10-32 所示。

图10-31

图10-32

（4）DOU+ 投放金额。

在界面的最下方可以选择 DOU+ 投放金额，也可以选择"自定义"选项，输入 100 ～ 200000 的任意金额，如图 10-33 所示。

这里介绍一个 DOU+ 投放金额的小技巧。例如要为一个视频投 300 元的 DOU+，不要一次性投入 300 元，而是分 3 次，每次投 100 元，这样可以使视频推广效果最大化。

图10-33

10.5 利用抖音官方后台进行运营

10.5.1 对视频内容进行管理

通过计算机端后台不但可以发布视频，还可以点击右侧的"内容管理"按钮进行视频管理。在该界面中，可以查看所有在抖音发布的视频，并且当鼠标移至某个具体视频上时，可以对该视频进行设置权限、视频置顶、删除视频这3种操作，如图10-34所示。

图10-34

1.设置权限

通过"设置权限"选项可以控制"哪些人能够看到视频"以及是否允许观者将该视频保存在自己手机中。

一般而言，为了流量最大化，"谁可以看"一栏建议设置为"公开"。而对于只为起到备份、保存作用的私密视频，建议设置为"仅自己可见"。而在"允许他人保存视频"一栏中，考虑到对版权的保护，建议设置为"不允许"，如图10-35所示。但需要强调的是，对于爆款视频而言，设置为"允许"可以让视频更快速、更广泛的传播。

图10-35

2.视频置顶

将高流量作品置顶，可以让进入主页的观者第一时间看到该视频，从而以最优质的内容抓住他，进而让其产生有关注该账号的想法。

需要注意的是，抖音可以同时置顶3个视频，并且最后设置为"置顶"的视频将成为主页的第一个视频，另外两个则根据置顶顺序依次排列。在计算机端设置3个视频置顶后，其手机端显示如图10-36所示。

如果需要取消视频置顶，在计算机端后台中，同样将鼠标悬停于该视频上，然后点击视频下方的"取消置顶"按钮即可，如图10-37所示。

图10-36

图10-37

删除视频

对于一些在发布后引起了较大争议，并出现"掉粉"现象的视频要及时删除，避免账号权重降低，影响未来发展。

10.5.2 对互动进行管理

互动管理包括关注管理、粉丝管理和评论管理。在"关注管理"中，可以查看该账号已关注的所有用户，并可直接在该页面取消关注，如图10-38所示。

通过"粉丝管理"选项可以查看所有关注自己账号的粉丝，并在该页面快速"回关"各粉丝，如图10-39所示。

"评论管理"界面稍显复杂，首先要点击右上角的"选择视频"按钮，查看某一视频下的评论，如图10-40所示。在弹出的列表中，不但可以看到视频封面及标题，还可以直观看到各视频的评论数量，方便选择有评论，或者评论数量较多的视频进行查看，如图10-41所示。

在选择某个视频后，评论即在界面下方显示，可以对其进行点赞、评论或者删除，如图10-42所示。

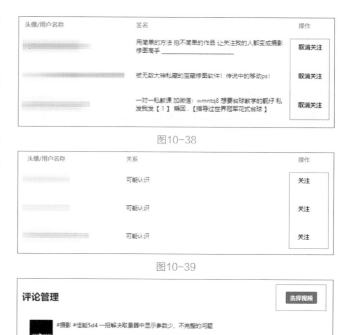

图10-38

图10-39

图10-40

图10-41

图10-42

10.5.3　查看详细视频数据

在计算机端后台左侧边栏选择"视频数据"选项，可以获取更多反应视频热度以及目标群体的数据，其中包括数据总览、作品数据、粉丝画像和创作周报。

1.数据总览

在"数据总览"选项中，可以查看播放数据、互动数据、粉丝数据以及收益数据。

（1）播放数据

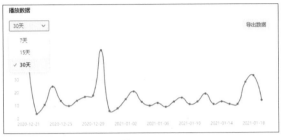

播放数据不但能够查看"昨日播放总量"，还能够分别查看 7 天、15 天和 30 天的播放量曲线图。通过该曲线图可以直观看到该账号在一定时间范围内播放量的发展趋势。图 10-43 所示即为某账号 30 天的播放量曲线图。

图10-43

如果视频播放量曲线整体呈上升趋势，则证明目前视频内容及形式符合部分观者的需求。只要不断提高视频质量，则很有可能出现爆款视频。

如果视频播放量曲线整体呈下降趋势，则有 3 种可能。一种可能是视频质量较低，导致播放量逐渐下降；一种可能是视频内容的呈现方式有问题，无法提起观者的兴趣；还有一种则在视频质量以及内容呈现方式上都有问题，需要多学习相似领域头部账号的内容制作方式，并在此基础上寻求自己的特点。

（2）互动数据

通过"互动数据"选项可以查看昨日主页访问数、视频点赞数、视频评论数以及视频分享数，从而客观了解观者对新发视频的评价。另外，也可以查看某个互动指标在 7 天、15 天或者 30 天的数据曲线，从而起到辅助判断视频质量的目的，如图 10-44 所示。

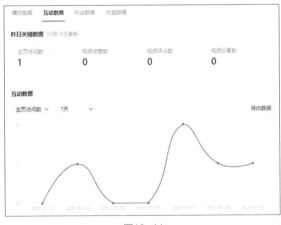

通过"互动数据"对内容优劣的判断要比播放量更有前瞻性。例如一个视频账号的播放量一直很高，内容也很好，可最近几期视频质量却比较低。由于观者的浏览习惯会有一定惯性，所以即便视频质量降低了，播放量很有可能依旧很高，这就对视频制作者产生了误导，认为观者依然认可自己的视频。

图10-44

但随着时间推移，播放量定然会出现下降趋势，此时再发现，损失就会比较大。而"视频点赞数""视频分享数"等互动数据的反应相比播放量则会更加迅速。只要观众不喜欢当期视频，那么在这两个指标上的下降就会迅速表现出来，从而让视频制作者更快提高警惕，寻找问题所在。

（3）粉丝数据及收益数据

通过粉丝数据可以查看总粉丝数以及昨日新增粉丝数。同样，对于总粉丝数以及新增粉丝在 7 天、15 天、30 天的数据曲线也可在界面下方生成，如图 10-45 所示。

总粉丝数与新增粉丝数都能反映出视频内容是否符合大众的胃口。但相对而言，新增粉丝数这一指标的趋势更为关键。

因为只要有新增粉丝，总粉丝数就处于增长的趋势。但如果新增粉丝数逐渐降低，总有一天，总粉丝数会出现降低或者维持不变的情况。

所以，一旦新增粉丝数逐渐下降，就需要引起视频制作者的注意。因为这证明内容对观者的吸引力正在逐渐下降。对于刚刚起步的账号而言，出现新增粉丝下降往往因为内容过时或者呈现方式不够新颖，无新意，质量较低。此时建议利用第三方数据平台，

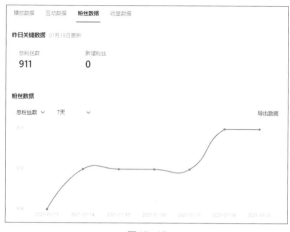

图10-45

找到同领域增粉速度呈上升趋势的账号，找到之间的差距，并根据自己的优势进一步提升视频质量。

当然，如果自认为视频内容没有问题，也可以尝试进行 DOU+ 推广，在短时间内积累更多的粉丝，不要因为推广的不足导致优质的内容被埋没。

在"收益数据"选项中，可以查看在抖音平台以及西瓜视频平台的收益。点击右侧的"查看补贴明细"按钮后，即可进入收益的详细分析界面，如图 10-46 所示。

如果查看的是西瓜视频平台收益，即可自动跳转到头条号，并显示详细的收入来源。此处的图表相比其他指标的要更为全面，不但能够以天、周、月 3 种时间单位查看收益，还同时显示折线图与柱状图。其中折线图更有利于对收益趋势进行分析，而柱状图则能够更直观地体现出哪些时间所发视频的收益更高，而哪些更低，从而方便我们不断改善内容，提高收益，如图 10-47 所示。

图10-46

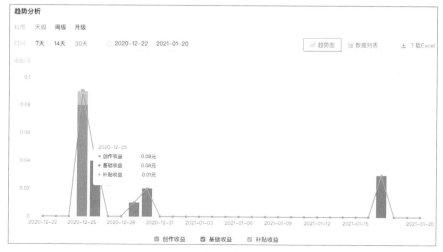

图10-47

2.利用作品数据剖析单一视频

如果说"数据总览"重在分析视频内容的整体趋势，那么"作品数据"就是用来对单一视频进行深度分析的。因此，各位需要首先点击界面右侧的"选择视频"按钮来确定需要查看详细数据的视频，

如图 10-48 所示。需要注意的是，该列表中只包含近 30 天发布的视频。所以，30 天以前发布的视频就无法通过后台查看详细数据了。

图10-48

正如前文所说，作品数据与数据总览的区别在于"个别"与"整体"，所以在该选项中，同样包含播放量、互动量等指标，其中的相似之处就不再赘述了。而需要重点关注的则是其独有的播放完成率与平均播放时长，如图 10-49 所示。

通过播放完成率（完播率）可以分析出当前视频的内容是否紧凑，是否可以一直吸引观者看完。如果像图 10-49 显示的完播率为 0，就证明内容无法持续引起观者的兴趣，相对比

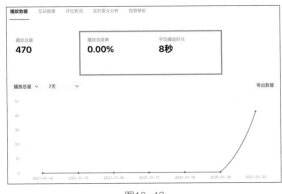

图10-49

较枯燥。另外需要注意的是，由于抖音平台主打短视频，所以绝大部分受众都是利用碎片时间浏览，那么较长的视频往往完播率会很低。这就需要视频制作者对症下药，在提高视频趣味性的同时，还要注意控制单个视频的时长。对于长视频，则建议分段上传，以符合受众需求。

而"平均播放时长"这一指标则在很大程度上说明了视频开头最重要的 5s 能否抓住观者。同样以图 10-49 中的数据为例，其平均播放时间仅有 8s，证明视频的开头并没有引起观者的兴趣。

3.通过"粉丝画像"更有针对性地制作内容

作为视频制作者，除了需要了解内容是否吸引人，还需要了解吸引到了哪些人。从而根据主要目标受众，有针对性地改良视频。而"粉丝画像"其实就是对观众的性别、年龄、所在地域以及观看设备等指标进行统计，从而让视频制作者了解手机那边的"粉丝"都是哪些人。

（1）性别与年龄

通过"粉丝画像"中展示的性别分布以及年龄分布，就可以大致判断出受众人群的特点。在如图 10-50 和图 10-51 所示分别展示的性别分布和年龄分布中可以得出该账号的受众主要为中老年男性。因为在性别分布中，男性占据了 67%，这个数据很直观，无须过多分析。

在年龄分布中， 31~40 岁、41~50 岁以及 50 岁以上的观者加在一起，其数量接近 70%，所以能够得出中老年是该账号的主要受众。

根据此点，在制作视频内容时，就要避免过于流行、新潮的元素。因为中老年人往往对这些事物不感兴趣，甚至是有些排斥。

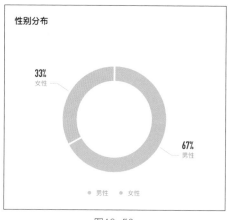

图10-50

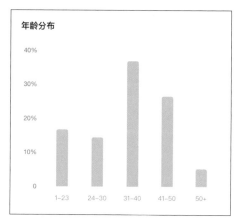

图10-51

（2）地域分布

通过地域分布数据，可以了解到粉丝大多处于哪些省份，如图 10-52 所示，从而避免在视频中出现主要受众完全不了解，或者不感兴趣的事物。

例如在地域分布中发现大多数观众都处于我国南部，那么作为一个摄影类账号，在介绍雪景拍摄的相关内容时，其播放量势必会有所下降。

以图 10-52 为例，当发现相当多的粉丝集中在广东、山东、江苏、浙江等沿海省份时，作为摄影号，在介绍海景摄影相关内容时，其播放量表现就会相对更好。

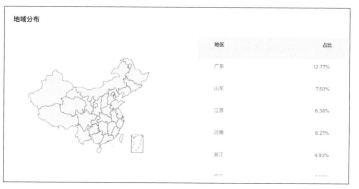

图10-52

（3）其他数据

在"粉丝画像"这一栏中还有设备分布、粉丝兴趣分布、粉丝关注热词等数据统计，可以从中更全面地了解受众，并制订内容录制计划。

需要注意的是，一些数据看似意义不大，其实可以从中挖掘出更多潜在的突破口。就以粉丝兴趣分布为例，图 10-53 展示的是一个摄影账号的粉丝兴趣分布，其中对拍摄感兴趣的粉丝达到了 78.18%，这个数据其实没有太大的作用。因为作为摄影类账号，其观众大部分对拍摄感兴趣是理所当然的，是必然情况。但重点在于有近 35%的观者对"生活"感兴趣。

粉丝兴趣分布

兴趣	占比
拍摄	78.18%
生活	35.75%
演绎	34.32%
影视	24.34%
新闻	18.86%

图10-53

从这一点就可以发现，热爱摄影的人，往往也热爱生活。那么在制作摄影类视频时，就建议多介绍与生活相关的拍摄题材，例如人像摄影、静物摄影、花卉摄影等。因为这些题材都是在生活中经常会去拍摄的。如果你介绍商业摄影、棚拍、新闻摄影，那么很有可能没有很高的播放量。

其余可在"粉丝画像"一栏中查看的数据如图10-54~图10-56所示。

图10-54

图10-55

图10-56

4.利用"创作周报"激励自己不断进步

"创作周报"就好像是抖音为你自动生成的"工作总结"，从而每周都能了解到目前账号的成长情况。需要注意的是，平台只会为你保留近2个月的创作周报，超过时限的周报将无法查看，如图10-57所示。

图10-57

（1）上周创作排名

在周报中，最醒目的就是"上周创作排名"。排名分为"创作表现"和"视频播放量"，如图10-58所示。通过这两个排名可以看出账号的"相对"成长趋势。所谓"相对"就是与别的账号相比，创作量以及播放量是处于加速增长还是减速增长。

当这两个数据低于50%，就说明更多的账号成长速度比你要快，久而久之，你的账号就会被别人甩开，不具备竞争力。

上周创作排名

上周你的创作表现超过了 **83.75%** 的同级创作者　上周你的视频播放量超过了 **82.95%** 的抖音用户

图10-58

而这两个数据均高于50%，说明你的账号处于中上游的成长速度，只要保持下去，就能够超越更多的人，逐渐成长为头部账号。这也是为何说，"创作周报"可以不断激励创作者不断进步。因为在与别人的竞争、比较当中，一旦松懈，原地踏步，就会在数据上直观呈现出一个事实——你在被更多的人超越。

（2）上周关键数据

"上周创作排名"是与别人比，而"上周关键数据"则是和自己比。

在上周关键数据的各个数值右下角会有增加或减少的百分比。这个代表的是上周该数据与上上周该数据相比增加或减少了多少。所以如果像图10-59所示，其数值均为红色，则证明该账号的"增长速度"处于上升趋势。而如果像图10-60所示，其数值为绿色，不代表上周没有增长，而是指"增长速度"与上上周相比下降了，如果长此以往，总有一天会出现0增长的情况，所以相当于为视频创作者敲响了警钟。

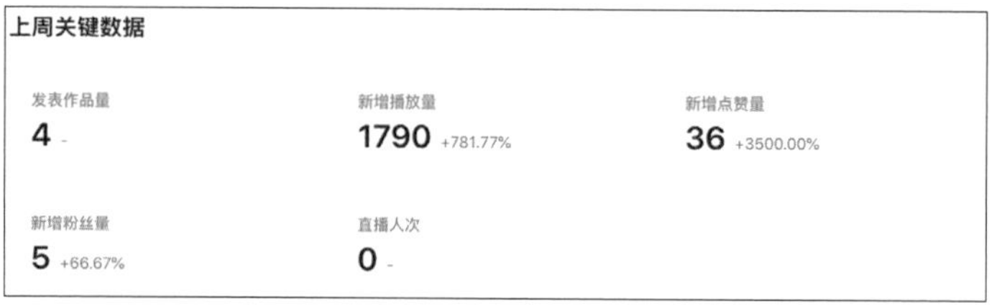
上周关键数据
发表作品量
4 -
新增播放量
1790 +781.77%
新增点赞量
36 +3500.00%
新增粉丝量
5 +66.67%
直播人次
0 -

图10-59

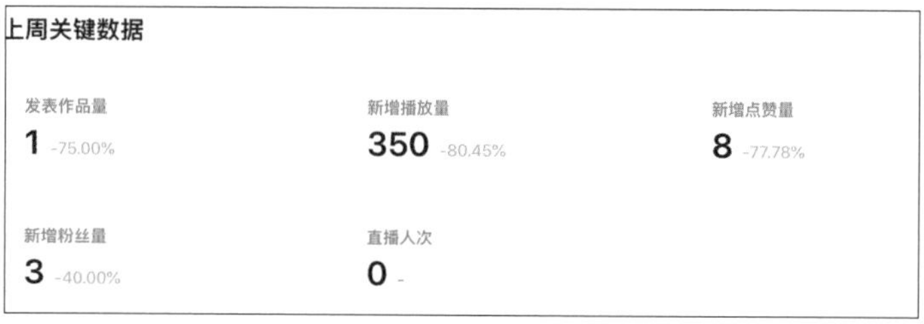
上周关键数据
发表作品量
1 -75.00%
新增播放量
350 -80.45%
新增点赞量
8 -77.78%
新增粉丝量
3 -40.00%
直播人次
0 -

图10-60

（3）上周表现最佳视频

在“创作周报”界面中，抖音平台会根据点赞、播放、分享、评论等指标综合判断出上周所发视频中表现最佳的一个，如图10-61所示。从而让视频制作者以最优质视频为基础，确定今后的视频内容方向，并继续打磨，呈现更高质量的内容。

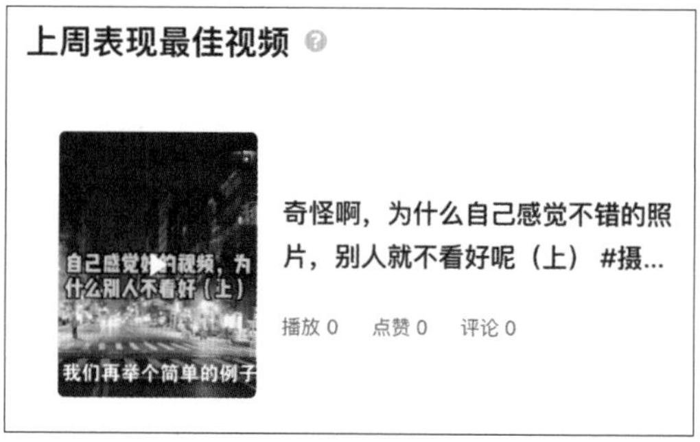

上周表现最佳视频
我们再举个简单的例子
奇怪啊，为什么自己感觉不错的照片，别人就不看好呢（上）#摄...
播放 0
点赞 0
评论 0

图10-61

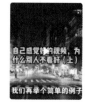